化妆品配方师的护肤课

钟鸣 —— 主编

清華大學出版社
北京

图书在版编目（CIP）数据

化妆品配方师的护肤课 / 钟鸣主编.— 北京：清华大学出版社，2023.9
ISBN 978-7-302-64340-1

Ⅰ. ①化…　Ⅱ. ①钟…　Ⅲ. ①化妆品－配方　②皮肤－护理　Ⅳ. ①TQ658　②TS974.11

中国国家版本馆CIP数据核字（2023）第144618号

责任编辑： 刘　杨
封面设计： 何凤霞
责任校对： 薄军霞
责任印制： 沈　露

出版发行： 清华大学出版社
网　　址： https://www.tup.com.cn, https://www.wqxuetang.com
地　　址： 北京清华大学学研大厦A座　　**邮　　编：** 100084
社 总 机： 010-83470000　　**邮　　购：** 010-62786544
投稿与读者服务： 010-62776969, c-service@tup.tsinghua.edu.cn
质量反馈： 010-62772015, zhiliang@tup.tsinghua.edu.cn
印 装 者： 涿州汇美亿浓印刷有限公司
经　　销： 全国新华书店
开　　本： 145mm×210mm　　**印　　张：** 5.5　　**字　　数：** 113千字
版　　次： 2023年9月第1版　　**印　　次：** 2023年9月第1次印刷
定　　价： 49.00元

产品编号：099372-01

前言

随着人们生活水平的提高，大家对“美”也有了更高的追求。近些年，市场上各种品类的护肤品越来越多，各种护肤方法、护肤技巧、护肤理念也层出不穷。然而，听了太多的护肤理念，用了太多的护肤产品，人们的皮肤越来越好了吗？并没有。反倒是更多的人陷入了护肤产品越用越多，护肤费用支出越来越高，但皮肤却越来越差的尴尬境地。

皮肤作为人体的第一道防线，除了能帮人体抵御外界有害物质，还能客观反映人的身体健康状态。比如，快乐和忧伤会带来皱纹，伤口愈合时会留下疤痕，受到惊吓会泛起鸡皮疙瘩，过于肥胖容易产生皮肤褶皱……

因此，了解皮肤的秘密，护理好自己的肌肤，能让我们更加健康和靓丽。不过，如何打造健康美丽的皮肤，是需要我们认真学习的。在这个媒体发达，各种信息满天飞的时代，在护肤问题上，我们要学会鉴别，知道哪些信息对自己有价值，哪些信息缺乏科学依据。否则，我们就容易被广告误导，导致自己花了不少钱，买了一大堆“高档”化妆品，却没有起到丝毫作用，甚至引发不良后果。

我拥有多年皮肤科从业经历，后又进入美容化妆品行业工作，先后获得高级美容技师证、一级化妆品配方师等行业资格证书，目前任兰树化妆品股份有限公司董事长、首席技术官（chief technology officer，CTO），是美容护肤领域的专业人士，拥有丰富的实践经验。在本书中，我介绍了护肤的基础知识，皮肤基础护理方法，选择护肤品的技巧，防晒和补水的正确方法，各种常见皮肤类疾病的预防和治疗，不同年龄段皮肤如何护理等。本书可以作为广大爱美人士的护肤指导用书。

作为一本科普类的读物，本书在保持专业的基础上，语言尽量通俗易懂，希望通过本书向大众传达科学护肤的理念，帮助大家维护皮肤的健康和美丽。

钟鸣

2023 年 7 月

CHAPTER 1
想拥有完美肌肤，你得先掌握这些基础知识

CHAPTER 2
皮肤的基础护理，你都做对了吗

CHAPTER 3
护肤品和化妆品这么多，你该怎么选

CHAPTER 4
防晒和补水，这两件简单的事一年四季都要做

CHAPTER 5
饮食习惯与生活方式是如何影响皮肤的

CHAPTER 6
面对脸上的那些斑斑点点，应该如何对待它们

CHAPTER 7
你的皮肤“生病”了，应该怎么办

CHAPTER 8
用好医疗美容，为你的皮肤上个“保险”

CHAPTER 10
关于护肤问题的“十万个为什么”

CHAPTER 1

想拥有完美肌肤，你得先掌握这些基础知识

1

皮肤的生理结构包含哪些内容?

皮肤位于人体表面，它被视为人体的第一道防线。成人的皮肤面积为 1.5 ~ 2.0 平方米，厚度一般为 1 ~ 4 毫米（不包括皮下脂肪组织）。一般来说，男性的皮肤比女性的厚，眼睑、脸颊、四肢弯曲侧的皮肤较薄，脚跟的皮肤最厚，为 2 ~ 5 毫米。人体皮肤的质量约占体重的 5%，如果算上皮下组织，总质量可达体重的 15% ~ 16%，因此人们总说皮肤是人体最大的器官。

1）表皮

表皮是皮肤组织的最外层，从外到内可分为 5 层，即角质层、透明层、颗粒层、棘层、基底层。

（1）角质层。角质层是表皮的最外层，主要由 15 ~ 20 层无核的死细胞组成。角质层细胞中含有角蛋白，角蛋白是一种不溶于水的硬蛋白，对酸、碱和有机溶剂有一定的抵抗力。它可以抵抗摩擦，防止体液和化学物质的泄漏。角质层细胞一般脂肪含量约为 7%，水分含量为 15% ~ 25%，可以保持皮肤柔软湿润。如果水分含量降到 10% 以下，皮肤就会变得干燥和起皱，出现裂缝甚至鳞片。

（2）透明层。透明层由颗粒层细胞转化而来，细胞排列紧密，边界不清。细胞核的变性逐渐消失，细胞质中透明的角蛋白颗粒液化，变得透明。这一层在薄表皮中更薄，甚至不存在，只有手掌和脚底是最突出的。透明层含有角蛋白和磷脂，它们可以防止水和电解质通过皮肤，并起到生理屏障的作用。

（3）颗粒层。颗粒层包含2～4层扁平细胞，呈菱形或纺锤形，有细胞核。颗粒层是表皮内层向角质层表层过渡的细胞层，它能防止水分渗入，具有重要的储水作用。

（4）棘层。棘层由4～8层具有棘突的多角形细胞组成，细胞轮廓渐趋扁平，细胞之间主要靠桥粒连接。组织液通过桥粒提供细胞营养。棘层是表皮中最厚的一层，棘层下部的棘细胞有分裂能力，可以参与外伤的愈合。

（5）基底层。基底层又被称为生发层，是表皮的最下层，与真皮层相连，由一排呈网格状排列的圆柱形细胞组成。基底层主要包括两种类型的细胞：黑色素细胞和基底细胞。

黑色素细胞：黑色素细胞分泌的黑色素可吸收紫外线，防止皮肤过度暴露。人体肤色的差异是由黑色素细胞和角质形成细胞内黑色素的数量和分布决定的，不同肤色人群黑色素细胞数量和分布无明显差异。如果黑色素过多，正常人可能会出现雀斑、黄褐斑、黑变症等。如果黑色素细胞消失，就会发展为白癜风。

基底细胞：细胞分裂繁殖，一些新分裂的细胞逐渐向上层移动，最终成为角质层中的死细胞并脱落。

2）真皮

真皮位于表皮之下，一般分为两层：乳头层和网状层。真皮主要由蛋白质纤维结缔组织和含有糖胺聚糖的基质组成。真皮结缔组织的主要成分是胶原纤维、网状纤维和弹性纤维，它们对维持正常皮肤的韧性、弹性和丰满度起着重要作用。真皮含水量的减少会影响弹性纤维的弹性，胶原纤维也容易断裂。纤维之间的基质主要是多种糖胺聚糖和蛋白质复合体，广泛分布于皮肤中，并能结合大量水分，它是真皮组织维持水分的重要物质基础。例如，透明质酸是真皮中含量最丰富的糖胺聚糖。

人体皮肤的含水量为体重的 18% ~ 20%，皮肤中 75% 的水分储存在细胞外的真皮层中。如果真皮基质中的透明质酸减少，糖胺聚糖变性，真皮层上层血管壁的弹性和通透性减弱，真皮层中的含水量就会减少，从而造成皮肤干燥、无光泽、弹性降低、皱纹增加等皮肤老化现象。

真皮含有血管、神经、毛囊、汗腺、皮脂腺等。其中，皮脂腺可以分泌皮脂形成一层脂质膜，保护皮肤和头发。此外，真皮层对皮肤的弹性、光泽和张力也起着重要作用。

3）皮下组织

皮下组织中含有大量的血管、淋巴管、神经、毛囊、皮脂腺、汗腺等皮肤附属器官。

皮脂腺：随着细胞的老化和脂肪含量的增加，皮脂核收缩。当细胞更新时，细胞膜破裂并释放到皮肤表面，扩散并与水分乳化形成皮脂膜。皮脂膜呈弱酸性，具有抗菌和中和碱性的作用，能使皮肤和毛发光滑柔软，防止皮肤水分蒸发。

2

皮下组织有哪些结构特点？其功能有哪些？

所谓皮下组织，指的是皮肤以下的疏松结缔组织和脂肪组织，它连接皮肤与肌肉，通常称为浅筋膜。皮下组织位于皮肤和深层组织之间，使皮肤具有一定的活动性。皮下组织的厚度因个体、年龄、性别、部位、营养、疾病等不同而有很大差异。一般来说，腹部和臀部的皮下组织是最厚的，脂肪组织丰富。

皮下组织属于间叶组织，主要由脂肪细胞、纤维间隔和血管组成。此外，皮下组织包括淋巴管、神经、汗腺和毛囊。脂肪细胞呈圆形或椭圆形，平均直径约 94 微米，最大约 120 微米。细胞中充满了脂质、少量线粒体和较多的游离核糖体，细胞核被挤压到边缘并呈扁平。脂肪细胞聚集形成大小不一的脂肪小叶，以纤维间隔为界。脂肪细胞所含的脂质主要是中性脂肪（三酰甘油），由棕榈酸、硬脂酸、油酸等脂肪酸组成。皮下组织还含有不到 2% 的胆固醇和 10% ~ 30% 的水。皮下组织富含血管，这些血管是由小叶间隔的小动脉分支组成的。毛细血管基底膜与脂肪细胞膜紧密接触，有助于血液循环和脂质输送。

皮下组织分布于真皮层和肌膜之间，上半部分位于真皮层下方，下半部分与肌膜紧密相连。皮下脂肪层是储存能量的仓库，也是很好的隔热体，它还可以缓冲外部冲击，保护内部器官。皮下脂肪的厚度随年龄、性别、内分泌系统、营养和健康状况的不同而有明显差异。一般来说，女性的皮下脂肪比男性的多。

那么，皮下组织的功能有哪些？

皮下组织在人体中起着非常重要的作用。皮下组织具有连接、缓冲机械压力、储存能量和保温等功能。此外，由于有疏松的组织层和丰富的血管，在临床实践中经常在这里进行皮下注射。皮下组织具有保护功能，对外界的物理、化学和微生物刺激具有一定的防御能力。皮下组织通过调节排汗量来调节体温。皮下组织具有感觉功能，通过皮肤感受器感知外界的各种刺激，并将信息传递给大脑。皮下组织的皮脂腺和汗腺分别分泌皮脂和汗液，可以形成皮脂膜，保护和滋润皮肤，并参与体内电解质的代谢。皮肤选择性吸收外部营养物质的能力是局部药物和化妆品对皮肤起作用的基础。皮肤细胞具有很强的分裂、繁殖和更新代谢的能力。

3

皮肤健康的基本标志是什么？

拥有健康的皮肤会带来美丽和自信，皮肤健康对女性来说变得越来越重要。虽然不同肤色的人在观念、文化背景、审美、修养等方面对美的要求不尽相同，但光滑、细腻、有弹性的肌肤是几乎每个人追求的目标。尽管皮肤衰老是任何人都无法抗拒的生命自然规律，但采取科学有效的美容保健，可以延缓皮肤衰老。

通常来说，人们常用以下几个指标来判断皮肤是否健康。

1）皮肤的润泽度

皮肤的润泽度指皮肤湿润和光泽的程度，健康的皮肤应该是湿润有光泽的。正常皮肤的表面覆盖着一层皮脂膜，由皮脂腺分泌的脂质和汗腺分泌的水分乳化而成。正常皮肤的含水量应在10% ~ 20%，水油平衡。皮脂膜含有可以滋润皮肤的脂质，使皮肤有光泽。它与天然保湿因子等物质一起，能保持皮肤适度湿润，是皮肤健康的象征。

2）皮肤的细腻度

皮肤的细腻质感主要是由它的纹理决定的，健康的皮肤看上去质地细腻，毛孔很小。真皮纤维束的排列和牵引使皮肤形成许多沟和嵴，这种皮沟和皮嵴形成皮纹。皮沟将皮肤表面分成许多三角形、菱形或多边形的丘，沟的深度因位置、年龄和性别而异。细嫩肌肤指皮肤纹理具有浅而细的皱纹和小而平坦的凸起，能给人细腻的美感。阳光暴晒或其他因素会导致真皮纤维变性和断裂，使皮肤纹理加深，如光老化导致的菱形皮肤，长期抓挠导致的皮肤苔藓样变等。另外，痤疮患者的皮肤毛孔粗糙，状如橘皮，这些都会在不同程度影响美观。

3）皮肤的弹性

皮肤的弹性包括丰满度、湿度、弹性和张力。健康的皮肤应该是饱满、湿润和有弹性的。皮肤弹性主要由皮下脂肪厚度、皮肤水分含量、真皮胶原蛋白和弹性纤维决定。如果皮肤含水量和皮下脂肪厚度适中，真皮胶原纤维和弹性纤维正常，那么皮肤是湿润有弹性的。当表皮和真皮层上的保湿因子减少时，皮脂膜受损，导致皮肤水分不足，皮肤就会变得干燥，皱纹增多，弹性降低；真皮的胶原纤维保持着皮肤的张力，韧性高，抵抗力强，但缺乏弹性。当皮肤的弹性纤维受损或破坏时，皮肤缺乏韧性，皮肤纹路消失；紫外线会导致皮肤纤维变性和断裂，产生更深的皱纹；皮肤中含有一定量的皮下脂肪，可以提高皮肤的丰满度。护肤的目的是使皮肤含有适度比例的脂肪和水分，尽量减少对胶原蛋白和弹性纤维的损害，使皮肤保持良好的弹性，显得光滑平整。

4）皮肤的颜色

肤色是由基因决定的，主要有黄色、白色、黑色 3 种。黑色素是决定肤色的主要因素。不管肤色如何，体内黑色素细胞的数量大致相同，肤色的差异是不同种族的人皮肤所含黑色素数量及分布不同所致。黄种人的黑色素含量适中，分布均匀，皮肤的基本色调为黄色。如果血管充盈良好，皮肤呈黄至白、白至透亮的红色。白人的黑色素含量低，皮肤白。黑人的黑色素含量高，皮肤黝黑。如果角质层太厚，皮肤的黄色会加深；阳光照射、内脏疾病、心理因素、睡眠不佳、体内维生素和氨基酸代谢紊乱、皮肤炎症反应等因素均可导致皮肤黑色素增加，使肤色变黑；如果黑色素细胞数量减少，酪氨酸酶就会出现异常，色素也会脱失或减退。

5）皮肤的功能

健康的皮肤，除了保持红润、光滑、细腻、有弹性的外观外，还必须具有保护、感觉、温度调节、吸收、分泌、排泄、代谢、免疫等重要生理功能，而且这些功能是相互协调的。

4

影响皮肤健康的因素有哪些？

影响皮肤健康的因素分为：内源性因素和外源性因素。

1）内源性因素

（1）遗传因素：皮肤的颜色、屏障功能，真皮中的胶原蛋白、弹力蛋白及糖胺多糖的含量，皮下脂肪的分布等都和遗传相关。

（2）营养：均衡的营养是健康皮肤的基石。

（3）内分泌：皮肤及其附属器官中都存在性激素的受体，并且外分泌腺的分泌量与内分泌有关。

（4）吸烟：一项长达 20 年的流行病学调查表明，吸烟者比不吸烟者的皱纹明显增多，因为烟草中的尼古丁有利尿作用，所以吸烟可以导致表皮含水量下降，屏障功能受到破坏。另外，长期吸烟还容易引起湿疹、特异性皮炎等皮肤疾病。

（5）心理因素：当一个人情绪低落时，皮肤新陈代谢会变慢，皮肤会显得晦暗，色素斑出现和加重。反之，当一个人精神愉悦时，皮肤新陈代谢加快，皮肤会显得光彩照人。

（6）睡眠：睡眠不足会导致副交感神经兴奋，使人体黑色素生成增加；还会引起氧合血红蛋白含量降低，使皮肤的新陈代谢减慢，加速皮肤的老化。

2）外源性因素

（1）温度：当环境温度过高时，皮肤中的汗腺和皮脂腺分泌量会增加，从而导致皮肤油腻；当环境温度过低时，皮肤中的皮脂腺分泌会减少，毛细血管也会收缩，从而使皮肤干燥。

（2）湿度：当环境的湿度较低时，皮肤中的水分会流失，加快老化。反之，当环境的湿度较高时，皮肤可以非常便捷地吸收外界水分，保持表皮层水分稳定。需要注意的是，当我们处于湿度低的环境时，可以使用含封闭剂多的保湿剂，以防止皮肤水分流失过多。

（3）紫外线：我们的皮肤暴露在外的部位，会过多接触阳光中的紫外线，从而导致皮肤干燥，甚至出现鳞屑。时间长了，还可能导致皮肤老化，患上光源性皮肤病等。

（4）污染：环境中存在大量污染物，这会让皮肤发生炎症，从而导致皮肤的毛孔堵塞，加快皮肤的老化。

（5）皮肤护理：想要维持皮肤健康，适当的护理必不可少。如果美容品和护肤品选择不当，除了会使皮肤产生不良反应，还会破坏皮肤的屏障功能，甚至出现各种后遗症。

5

黑色素对皮肤有什么作用？

黑色素是一种黑褐色或棕色的颗粒，其主要作用是阻挡阳光中紫外线对人体皮肤下面细胞的伤害。阳光较强时，黑色素的含量会增多，所以夏天我们会被晒黑。

人的皮肤像一面镜子，不同人种的肤色有极明显的差异。黄种人的肤色淡黄，黑种人的肤色黝黑，白种人的肤色则是浅淡色。

那么，世界上为什么会有不同肤色的人种呢？难道白人的身体里没有黑色素吗？

科学家经研究发现，人类的祖先在一开始并没有差异，肤色基本相同。只是到了后来，人们移居到不同的地区，为适应外界的环境才渐渐出现了肤色的差异。

人类皮肤的颜色，是进化过程中适应自然的结果。居住在赤道地区的非洲人，常受到强烈的日光照射，身体经调节产生大量黑色素，以便用来保护皮肤，所以皮肤呈黑色或棕黑色。在高寒的北欧，人们不会长时间受到烈日的暴晒，阳光相对来说比较弱，皮肤就不会产生大量的黑色素来对抗紫外线。所以，高寒地区的人，皮肤为白色。黄种人一般聚居在温带地区，阳光强烈的程度居中，黑色素的量也介于两者之间，所以皮肤的颜色也介于白色和黑色人种间。

由此可见，黑色素在调节人类皮肤颜色的过程中起着决定性作用。其实肤色的深浅并不重要，重要的是如何使我们的皮肤健康。

随着季节的不断变换，人体也在不断调整新陈代谢的步伐。体内水分和营养的消耗和增加，直接影响着我们的皮肤健康状况。

那么，怎样才能使我们的皮肤健康地适应季节的变化呢？

要想皮肤好，下面几点要记牢：一是洁面水温不可偏高，以30摄氏度左右为宜。二是用调节皮脂分泌的化妆水护理肌肤，用适于自身皮肤的护肤品营养皮肤。三是不偏食油腻之物，多食蔬菜、水果。四是要适当做深层皮肤护理：洗面、蒸汽浴面、按摩、面膜。五是要选用适合自身皮肤特点的化妆品。

6

皮肤总是暗黄，是什么原因引起的呢？

虽然都属于黄种人，从基因角度来看，肤色显黄本来就是正常的，但是，这里所说的皮肤发黄是指和原来的肤色相比较，显得更黄了。导致这种变化的原因有很多，如果想改善皮肤发黄，就要分析原因，从根源入手。

当营养缺乏时，会出现面黄肌瘦。这种情况在现代很少见，多出现在以前缺衣少食的年代。因为没有足够的食物，皮肤底层没有足够的脂肪层，不能把皮肤撑起来，因而不够饱满，看上去肤色自然要暗一点，黄一些。解决办法很简单：吃饱，营养摄入均衡。

睡眠不够导致皮肤发黄，脸色憔悴。睡眠不够、不好，熬夜可能会导致皮肤看起来发黄的样子，这是因为皮肤代谢废物不能及时排出造成的。从根源上解决的办法是：保持充足的睡眠（即所谓的美容觉）。还有辅助的改善方法：泡热水脚、洗热水澡、汗蒸、运动等。

长期日晒会让皮肤产生更多的黑色素，让皮肤变深变暗。其实这是皮肤的一种自我保护反应，生成更多的黑色素后，能降低皮肤被晒伤的概率。若不是严重的晒伤，则注意避光，过几个月，肤色也能恢复到原来的样子，但若皮肤被晒伤后发生色素沉着，那么可能肤色不能完全回到原来的样子。日晒导致的发黄，其解决办法是物理避光，坚持较长时间后，肤色一般能变回去。

有些食物含有较多的光敏性成分，经常吃大量的这种食物可能会导致皮肤发黄。解决的办法也很简单：少吃。

角质层变厚会导致皮肤发黄。对于一个人来说，角质层变薄，其肤色就会显得白一点，这是很多产品使用去角质成分的原因——使用后能让你感觉皮肤“变好了”。而如果皮肤角质层增厚，因为每一个皮肤细胞内都含有黑色素颗粒，因而整体肤色会显得略微深一点。如果不擦任何护肤品，皮肤的外层含水量下降，粗糙的皮肤表面对光线的反射不均匀，导致看上去整体肤色就会暗一些，黄一些。最好的解决办法是：洗完脸后进行正常的保湿，皮肤的含水量增加，皮肤表面变得光滑后，自然看上去就没那么暗和黄了。

7

汗腺对人体有什么作用？人体为什么出汗？

汗腺是皮肤的附属器官，分为大汗腺和小汗腺。汗腺的主要功能是分泌汗液。人体排出的汗液中，98% ~ 99% 是水，其余的为无机复合物质，如尿素、乳酸、无机盐等。汗液的成分与尿液相似，汗腺是人体排泄系统的重要组成部分。皮肤可以通过出汗调节体温，起到散热降温的作用。汗液还能补充角质层中流失的水分，起到软化角质的作用，它能让皮肤柔软、光滑、滋润。表皮是酸性的，可以抵御日常生活中的微生物。由于皮肤上有大量的汗腺，类似于肾脏的排泄功能，体内的一些代谢产物也可以通过汗腺分泌出来。积极出汗有很多好处，大致有下列几个：

（1）排毒：出汗是一种有效的排毒方法。主动出汗可以加速人体的体液循环和代谢过程，排出体内堆积的乳酸、尿素、氨等毒素，保证鼻子、皮肤、肺、大肠等器官的畅通。如果长时间不出汗，皮肤就呼吸不畅，这会引起人体的代谢紊乱，并将这种皮肤的排毒功能转移到肾脏和肝脏。

（2）控制血压：高血压是由于血管内径变窄和硬化而发生的一种现象，它会使单位血流量受到限制。运动时出汗可以扩张毛细血管，加速血液循环，增加血管壁的弹性，达到降低血压的目的。

（3）促进消化：当我们没有出汗的时候，体内的气血运行平缓，消化系统也运行平缓。然而，当我们出汗的时候，体内的气血就会加速运行，从而加快了身体的消化代谢速度。这样不但对人体的肠胃有帮助，对提高人的睡眠质量也有极大的促进作用。

（4）预防骨质疏松症：许多人认为出汗会导致体内钙流失，认为身体里的钙会随着汗水挥发出去。专家指出，只有水溶性维生素才会随着汗水流失。虽然钙可溶于水，但其溶解度很低，不太可能随汗液排出体外。相反，出汗有利于钙在体内的保留，还能起到预防骨质疏松的作用。

（5）增强记忆：美国曾针对 20 000 名中学生做过一项长期教育实验，实验结果表明，当学生通过主动运动出汗时，会产生诸多意想不到的收获，如记忆力、专注力都可得到不同程度的提升。

（6）护肤美容：经常不出汗的人，其皮肤代谢缓慢，身体内有些代谢物难以被排出。而出汗可以清洁毛孔，达到美容护肤的效果。

（7）减肥效果：当人体运动达到一定强度时，汗液排出体外，脂肪会燃烧转化为热量，从而达到减肥效果。

8

皮脂腺如何分布，结构特点是什么？

皮脂腺大多位于毛囊和立毛肌之间，为泡状腺，由一个或几个囊状的腺泡与一个共同的短导管构成。导管为复层扁平上皮，大多开口于毛囊上端，也有些直接开口在皮肤表面。腺泡周边是一层较小的幼稚细胞，有丰富的细胞器，并有活跃的分裂能力，可以生成新的腺细胞。新生的腺细胞渐变大，并向腺泡中心移动，胞质中形成越来越多的小脂滴。腺泡中心的细胞更大，呈多边形，胞质内脂滴，细胞核固缩，细胞器消失。最后，腺细胞解体，连同脂滴一起排出，即为皮脂。皮脂腺的发育和分泌受性激素的调节，青春期分泌活跃。皮脂是几种脂类的混合物，其作用尚未了解清楚，可能有柔润皮肤和杀菌作用。

1）皮脂腺的分布

皮脂腺是附属于皮肤的一个重要腺体，它的分布很广，除手、脚掌外遍布全身，以头面、胸骨附近及肩胛间皮肤最多。皮脂腺的分泌受雄性激素和肾上腺皮质激素的控制，在幼儿时皮脂分泌量较少，青春发育期分泌活动旺盛，35 岁以后分泌量逐渐减少，皮肤会变得比较干燥，开始变粗糙并出现皱纹。皮脂腺可分泌皮脂，经导管进入毛囊，再经毛孔排到皮肤表面。皮脂为油状半流态混合物，含有多种脂类，主要成分为三酰甘油（甘油三酯）、脂肪酸、磷脂、脂化胆固醇等。

2）皮脂腺的类型

（1）附属于毛囊：此种皮脂腺开口于毛囊，与毛发共同构成毛皮脂系统。

（2）与毳毛有关：其导管直接开口于体表。

（3）与毛发无关：直接开口于皮面，又称自由皮脂腺。

3）皮脂腺的组成

皮脂腺位于毛囊和立毛肌之间，由分泌部和导管部组成。导管部短小，由复层扁平上皮构成，开口于毛囊上部。分泌部是腺泡。腺泡的外层细胞呈立方形，核圆而色浅，细胞增殖力强，腺泡中心是多角形细胞，细胞大而透明，细胞核萎缩或消失，胞质中充满脂滴。润泽皮肤、保护皮肤的作用。皮脂腺导管阻塞，可引起皮脂腺囊肿。

4）皮脂腺的作用

（1）滋润皮肤、毛发。如果离开皮脂的润泽和滋养，将会出现皮肤粗糙和毛发枯槁。由于手掌、足跖、手指、足趾的屈面没有皮脂腺，所以经常出现皮肤干裂现象。

（2）皮脂可以和汗液一起形成脂质膜保护皮肤，防止皮肤水分蒸发。

（3）皮脂呈弱酸性，可以抑制和杀灭皮肤表面的细菌。影响皮脂腺分泌功能的因素很多，主要有内分泌的影响、外界温度的影响、皮表湿度的影响、年龄的影响、饮食的影响等几个方面。

9

皮肤代谢周期是 28 天吗?

我们的皮肤由内到外可以分为 5 层，分别是角质层、透明层、颗粒层、棘层和基底层。而基底细胞是基底层的也是我们皮肤表皮的最底层。每天基底细胞都在不断地分裂产生新细胞，然后将细胞们不断地向外推移，形成角质细胞，最后脱落。而这个不断新生、上移、脱落的过程，就是皮肤新陈代谢的过程。可能你觉得很漫长，但一个细胞从基底层慢慢上移到透明层需要 14 天，从角质层到脱落也需要 14 天，所以我们皮肤新陈代谢的周期是 28 天。

但是，以此为依据来说明皮肤的新陈代谢周期，并用于说明护肤品发挥作用的时间，是不准确的!

首先，28 天的表皮通过时间或表皮更替时间是一个平均数字，而不是精确数字，也就是说，每个人的这个周期不是完全一致的。表皮通过时间或表皮更替时间的长短与皮肤厚度和年龄密切相关。准确地说，年龄在 30 岁左右时，面颊部位的表皮更替时间是 28 天左右。婴幼儿的表皮更替时间是 14 天左右。青少年的表皮更替时间在 14 ~ 28 天。40 岁左右时，表皮更替时间在 28 ~ 45 天。在 50 岁之前，表皮更新时间是逐渐缓慢增加的。而在 50 岁之后，表皮更新速度会大幅度下降，表皮更替时间明显延长，50 岁之后的表皮更替时间可长达 60 ~ 90 天。

其次，表皮厚度与表皮更替时间成正比。也就是说，皮肤越厚的部位，表皮更替时间越长。可见，身体其他部位的表皮更替时间并不都是 28 天。

最后，皮肤的新陈代谢周期还应该包括基底层细胞的生长周期。表皮基底层细胞的分裂周期为 13 ~ 19 天。所以，真正的皮肤代谢周期或更新周期应该是基底层细胞分裂生长周期加上表皮更替时间，约为 47 天，掌跖部的表皮更新则需要约 56 天。

综上，可得出如下结论：

（1）皮肤新陈代谢周期并不等同于表皮更替时间，而是表皮更替时间加上基底层细胞的分裂生长周期。所以，30 岁左右时，面颊部位的皮肤新陈代谢周期（表皮更新时间）应该在 47 天左右。

（2）只有年龄在 30 岁左右时，面颊部位的表皮更替时间才是 28 天左右。其他年龄和部位的表皮更替时间其实并不一样。

算起来，30 岁左右、面颊部位的皮肤新陈代谢周期（表皮更新时间）应该在 47 天左右。

10

皮肤病到底会不会传染？

皮肤病种类超过 2000 种，其中有的有传染性，有的则没有传染性，不能一概而论。为说明问题，我将常见的皮肤疾病分成以下几类：过敏性皮肤病，如湿疹、接触性皮炎、特应性皮炎、荨麻疹等；免疫性皮肤病，如银屑病（牛皮癣）、扁平苔藓等；色素性皮肤病，如白癜风、黄褐斑等；遗传性皮肤病，如毛周角化、鱼鳞病等；细菌性皮肤病，如毛囊炎、疖子等；真菌性皮肤病，如体癣、足癣等；病毒性皮肤病，如水痘、单纯疱疹、带状疱疹、传染性软疣等。

过敏性皮肤病是肯定不传染的，但有人把荨麻疹误认为麻疹，虽然只有一字之差，但麻疹传染，荨麻疹不传染。免疫性皮肤病，如牛皮癣，虽然叫癣，却与我们医学上说的癣（真菌感染）没有任何关系。牛皮癣等免疫性皮肤病是肯定不传染的。色素性皮肤病、遗传性皮肤病也是不传染的。

有可能传染的是病原微生物导致的皮肤病，包括细菌、真菌、病毒感染。常见的细菌性皮肤病，如毛囊炎、疖子一般是不传染的。不过儿童的脓疱疮容易在免疫力低的儿童间传播，需要特别注意。真菌性皮肤病有传染的可能性，但传染性较弱。例如，足癣（脚气）有可能通过共用拖鞋传染。病毒性皮肤病相对来说传染性较强。例如，水痘、麻疹、风疹等，这几种病被皮肤科确诊后往往会转到感染科治疗。单纯疱疹一般是不传染的，但是这种病经常发于口唇，如果发病期接触的话还是有可能传染的。带状疱疹由于与水痘是同一种病毒，虽然传染性很弱，儿童、老人、肿瘤患者等免疫力低下的人群还是应尽量避免接触。如果被传染，可能得水痘，也可能得带状疱疹。传染性软疣、手足口病易发于儿童，有一定的传染性，但并不是很强。尤其是手足口病，由于公众认知度高，医生一般会建议患儿在家休息，以免引起不必要的恐慌。

11

男性和女性皮肤有什么不同?

男性和女性的皮肤无论是解剖结构还是生理功能上，都有显著的不同，因此其各自保养皮肤的方法也不同。

（1）男性的皮肤较粗厚，女性的皮肤较细柔。粗厚的皮肤结实，细柔的皮肤娇嫩，因此，女性皮肤比男性皮肤更易受损伤。

（2）男性的皮肤油脂分泌多，女性的皮肤油脂分泌少。油脂多的皮肤易沾污物，尤其是脂溶性有机物质和许多种微生物积聚，而诱发炎症和感染。

（3）男性毛多，毛孔大，细菌、真菌、病毒等可以长驱直入，引发感染。女性毛少，毛孔小，感染机会相对少一些。

（4）男性皮肤的黑色素含量，特别是面部等暴露部位一般高于女性皮肤，由于黑色素有光保护功能，所以男性的日光皮炎、日光疹发病率低于女性的。女性皮肤比男性皮肤更需要保护。

（5）男性的皮肤血管收缩与舒张调节机制比女性的效率高，这就是男性的冻疮发病率低于女性的原因。

（6）内脏器官的病态经常向皮肤输送信息，激发反应，这一点对于男性女性都一样，但女性比男性更敏感。情绪激动、兴奋时，女性比男性更易脸红。月经、怀孕等都可带来各式各样的皮疹，如月经疹、妊娠瘙痒、妊娠疱疹等不少问题都涉及皮肤保护。男性反应敏感度虽弱于女性，但对雄性激素的反应却非常强烈。这就足以解释为什么尽管男女血液中都有雄激素，而青年男性的痤疮发病率高于女性。

以上情况表明，由于在皮肤结构上、生理上，男女各有所长，又各有所短，所以，在确定皮肤保护措施时就不能千篇一律。就男女相同或基本相同的一面来看，也有量的差别。所以，同样一种制剂，男性一般用的重一些、浓一些，女性用的则轻一些、淡一些。再则男女各有不同的皮肤保护与美容侧重点，这就更不能墨守成规，而需灵活多样，分别对待。

CHAPTER 2

皮肤的基础护理，你都做对了吗

1

油性皮肤和干性皮肤有什么特点，如何护理？

油性皮肤的特点：油性肌肤皮脂分泌旺盛，多数人肤色偏深、毛孔粗大，以至出现橘皮样外观，容易黏附灰尘和污物，引起皮肤的感染与痤疮等，但对外界刺激的耐受性强，不易发生过敏反应。

护理要点：油性肌肤的油分虽多，但多数缺水，因此保持皮肤清洁，控油补水尤为重要。建议使用油分较少、清爽型、抑制皮脂分泌、收敛作用较强的护肤品。白天用温水洁面，选用适合油性皮肤的洗面奶，保持毛孔的畅通和皮肤清洁；洗脸后，用收敛性化妆水或控油抗痘爽肤水，减少油脂分泌，加快油脂分解；入睡前选择控油补水的面膜，然后用清爽的水剂和精华，避免用油分高的护肤品。假如面部出现感染、痤疮等疾病，应及早治疗，以免病情加重，损伤面扩展，愈后留下疤痕及色素沉着。同时，尽量少食用辛辣、刺激、油炸食品，也要少食甜食，饮食以清淡为主。可以服用维生素 B_2/B_6 以增加肌肤抵抗力。

干性皮肤的特点：皮肤毛孔不明显，皮脂的分泌量少而均匀，角质层中含水量少，常在 10%以下。因此，这类皮肤不够柔软光滑，缺乏应有的弹性和光泽，肤色洁白呈白中透红，皮肤细嫩，经不起风吹日晒，常因环境变化和情绪波动而发生变化，冬季易发生皲裂。

干性皮肤护理要点：保证皮肤有充足的水分，防止皮肤老化和色素生成是最重要的。选用非泡沫型、碱性度较低的洁肤产品清洁，运用补水保湿的爽肤水和乳液来补充皮肤的水分，滋养肌肤，多做按摩护理，促进血液循环，注意使用滋润、美白、活性的修护霜和营养霜。调节皮肤的油水平衡。使用护唇膏和滋润营养的眼霜，每晚使用补水保湿面膜以滋养肌肤。饮食要注意多选择一些维生素含量高的食物，如新鲜水果和蔬菜等，尽量不要饮用含咖啡因的饮料。

2

冬季嘴唇干，如何护理呢？

口唇皮肤无颗粒层，角质层很薄，所以一旦空气中的湿度降低，黏膜中的水分就会减少，造成嘴唇干裂。如果是较严重的干裂，则会引起唇部出血，或者引起细菌感染，造成嘴唇发炎肿胀，甚至引起嘴唇的溃疡，连带影响整个口腔。

气候干燥和维生素缺乏是引起嘴角起皮的主要原因。气候干燥的季节，空气湿度低，风沙大，皮肤黏膜血液循环差，这一时期如果新鲜蔬菜吃得少，人体维生素摄入量不足，嘴唇就会干燥开裂，甚至出现嘴角裂口出血、疼痛，连说笑和吃饭都受影响。因此应注意以下 6 点：

第一，多吃新鲜蔬菜。例如：多吃黄豆芽、油菜、白菜、白萝卜等，以增加 B 族维生素的摄取。忌辛辣，辛辣的食物会对嘴唇产生刺激，使干燥恶化，并且会强烈地刺激唇部黏膜，导致唇部溃烂，甚至起水疱。

第二，及时补充足量水分。充足的饮水量对于人体机能的均衡有很大帮助，能有效防止嘴唇干裂。

第三，使用护唇膏来呵护双唇。尽量选择添加刺激性成分少的无色唇膏。过敏体质的人，用棉签将香油或蜂蜜涂抹到嘴唇上，也能起到很好的保湿作用。

第四，尽量避免风吹日晒等外界刺激，可以采取戴口罩的办法来防护。

第五，纠正舔唇、咬唇等不良习惯。另外不要总是用手去撕唇部死皮。

第六，要保证充足的睡眠。睡眠关系到一个人的精神状况和免疫情况，睡眠状况不佳会导致唇部皮肤免疫力下降，对外界刺激反应能力也随之下降。

3

秋冬换季时节，应该如何解决皮肤干燥的问题呢？

第一步：注意皮肤清洁。保养皮肤的第一个步骤就是清洁皮肤。清洁皮肤可以促进皮肤的新陈代谢，增加皮肤的吸收能力，预防皮肤疾病，延缓皮肤的衰老，阻止皱纹的产生。在秋冬季，使用洗面奶洗脸时，混合性皮肤可以早晚各一次，干性皮肤跟混合性皮肤一样，不可太过频繁，油性皮肤一天 3 次为宜。洗脸水的温度保持在大约 36 摄氏度，干性皮肤可以适当低一点，为 34 摄氏度左右，油性皮肤可以选择高一点，为 38 摄氏度左右。正确的洗脸方法是先用温水和洗面奶洗去油脂，最后再用流动的冷水洗净皮肤，可以有效地收缩毛孔，紧致肌肤。但是敏感性皮肤和干性皮肤不适合单纯用冷水洗脸。秋冬季节，洗澡不必过于频繁，每周洗 1 ~ 2 次为宜，如果太频繁会破坏保护肌肤的皮脂膜。洗澡的水温不宜太高，洗澡时不要使用太大的劲搓洗皮肤，以免搓伤。

第二步：选对合适的保湿用品。秋冬季节天气干燥，气温下降，皮肤的新陈代谢对气候的变化还没完全适应，皮肤的汗腺分泌减少，显得很干燥。因此，选择保湿效果好、滋润作用强的护肤品是必要的，天然无刺激性质的护肤品是秋冬季节的首选，防止皮肤敏感现象出现的同时还能补充充足的水分。秋冬季节应该适当增加护肤品的使用量，使皮肤得到充分的滋养和维护。对于四肢和躯干的皮肤可以选用滋润度高、吸收好的润肤霜，既能使皮肤保持柔软光滑，富有弹性，又能预防和辅助治疗某些皮肤疾病，如特应性皮炎、冬季瘙痒症或鱼鳞病等。

第三步：防晒工作不能忽视。秋冬季节，阳光中的紫外线虽然不像夏天那么强烈，但是紫外线还是会造成皮肤的老化、变黑，因此秋冬季节也应当注意防晒，可以选择防晒指数不是太高的防晒霜。

第四步：及时补充水分，阻止皱纹侵入。秋冬时节天气干燥，如果不注意滋养皮肤，则会造成皮肤内的大量水分流失，容易形成假性皱纹。出现假性皱纹不用太担心，保持充足的睡眠，合理的营养摄入，选用合适的护肤品，每天坚持脸部按摩，促进面部的血液循环，可以减少假性皱纹。

第五步：养成合理的饮食习惯。为了应对秋冬季节的干燥天气，平时要多喝水，补充体内和皮肤中流失的水分。此外，合理的饮食结构可以改善人的体质，帮助延缓衰老。

4

早起时脸部为什么有时候会浮肿？如何消肿呢？

浮肿是机体细胞外液中水分积聚导致的局部或全身肿胀，与身体很多器官的病变有关。正常人在睡前喝水较多或晚上吃的食物过咸，会引起偶尔的面部水肿，如果能在睡前减少饮水，或者注意清淡饮食，则会改善。

一般来说，偶尔面部浮肿，起床后 20 分钟之内恢复者，大多不需要过分在意。但面部水肿也是很多疾病的症状。例如，肝病、蛋白质不足引起的营养失调、更年期内分泌紊乱、高血压等都可能会有面部水肿的表现。如果是偶尔性面部浮肿，可以通过以下方法消肿。

（1）洗脸先热后冷：当起床看到面部浮肿时，千万不要立刻使用冰冷的水洁面，这样会刺激面部肌肤，让浮肿状态更严重。而一定要使用温水洗脸，帮助肌肤增强血液循环，打开毛孔，清洁皮肤深层的油脂，然后再用冷水敷脸。通过冷热循环可以收缩毛孔，达到消肿效果。

（2）适当的脸部按摩：在面部涂抹质地轻柔且含有醒肤成分的护肤品按摩肌肤，重新启动滞后的皮下微循环，帮助消肿，让面部线条恢复紧致。提醒：如果想要避免浮肿脸出现，晚餐最好坚持清淡饮食，戒消夜和啤酒，睡前可以稍微喝一点水，但不要喝太多。如果是长期浮肿，就应该去医院检查清楚。

5

黑眼圈是如何产生的？

黑眼圈是一种常见的困扰，它会让人看起来很疲倦没精神，很多人想要去之而后快。那么，到底为什么会有黑眼圈呢？根据1992 年法国洛昂医师的报告，造成黑眼圈的主要原因如下。

（1）先天遗传或后天性眼皮色素沉着增加；患者的眼轮匝肌先天性就较肥厚，或是眼皮肤的色素先天就比邻近部位的皮肤色素深暗而量多。

（2）眼皮老化松弛，皮肤皱在一起造成外观肤色加深。

（3）眼袋出现造成阴影。

（4）眼眶内下侧凹陷形成泪沟进而形成阴影。

（5）由于经常熬夜，情绪不稳定，眼部疲劳、衰老，静脉血管血流速度过于缓慢，眼部皮肤的红细胞供氧不足，静脉血管中二氧化碳及代谢废物积累过多，形成慢性缺氧，血液较暗并形成滞流而造成眼部色素沉着。

（6）化妆品的色素颗粒渗透：常用化妆品者，可能有某些深色的化妆品微粒渗透到眼皮内，久而久之，则呈现黑眼圈。

6

脚气为何会反复发作？如何缓解？

人们常说的脚气也有一个很专业的名称——足癣。其往往是真菌感染导致的。刚开始时一般只会出现在单只脚上，几周之后，随着真菌的扩散，疾病会感染到对侧脚上。足癣早期表现为瘙痒的症状，随着病情的发展，可能会出现皮肤糜烂、渗液等情况。

1）为什么脚气总是反复发作治不好？

（1）只顾治疗，不重预防。只要对症下药，脚气是可以痊愈的。但是如果日常生活中再不注意自己的脚部卫生，就会导致脚气频繁复发。从某种程度来说，预防脚气的复发比治疗更关键。

每日穿过的袜子都要及时清洗，尤其是夏季要选择透气一些的鞋子，避免脚部过度出汗。

（2）诊断不清。不是所有的脚部疾病都是脚气。导致足部疾病的真菌有很多种，能引发脚气的只是其中一类。因此，只有诊断明确，对症下药，才能更快地治疗足癣。如果诊断错误，盲目用药，只会导致脚气病情加重，频繁发作。

（3）只顾止痒，不找病根。当脚气发作时，患者会觉得脚部瘙痒难忍，有些人为了能更快地缓解症状，盲目听信他人的“偏方”，随意用药。虽然这些方法能缓解一时的症状，但并不能根治脚气。到了后期，这些偏方不仅不能治疗脚气，还很有可能导致病情加重，引发更严重的皮炎。

（4）症状有缓解即停止用药。导致脚气的真菌是比较顽固的，如果症状有所缓解就立即停药，很容易导致脚部疾病反复发作。因此对于脚气的用药一定要足量。并需要针对不同的症状，采用不同的治疗方法。对于患者来说，最好在症状缓解后的一周内坚持用药，才能根治，防止复发。

（5）不顾甲癣。甲癣就是人们常说的“灰指甲”。有脚气的患者也很有可能会患有甲癣。如果只治疗脚气而忽略甲癣，是没有办法根治脚气的。

2）有脚气该如何缓解？

患上脚气之后，患者就要做好两个工作。一是注意自己脚部的清洁和卫生。二是经常对自己的鞋袜进行杀菌。脚气一般都是不注意脚部卫生导致真菌出现而引起的。只有从源头上避免真菌的生长才能根治脚气，缓解症状。治疗脚气时，止痒也是很重要的。但是不能盲目用药，在医生的指导下选择合适的药品才是正确的做法。

7

文身对人体有哪些健康风险?

文身就是用带有颜色的针刺入皮肤底层而在皮肤上留下永久性图案的行为。很多明星都有文身，尤其是一些体育明星，这使得很多年轻人也趋之若鹜地模仿，但从医学上讲文身是影响身体健康的。下面，就为大家介绍一下文身有哪些健康风险。

文身的危害之一：皮肤是人体的第一道防线，能抵御外界机械性、物理性、化学性刺激的伤害和病原微生物的侵袭，对于人类的健康有重要作用。而文身却破坏了这道防线，使人体抵御各种刺激的能力下降，特别是容易导致细菌感染。文身师如果不懂医学，文身时消毒不严格或者根本不消毒，当针尖刺入皮肤后，细菌等病原微生物随之进入机体，会引起各种感染性疾病，如疖、痈、丹毒、脓疱疮等。如果创伤面积大、细菌毒力强，甚或在血液中生长繁殖，还会导致败血症而危及生命。

文身的危害之二：文身用的化学材料有许多种，这些化学材料进入人体内会引起皮炎、过敏，致使局部发痒、疼痛，出现烧灼感、麻木感等，有的还会引起细胞突变。而且，文身之后是极难除掉的，目前尚未研究出将其快速褪掉的方法。

8

如何护肤才能有效地抗氧化呢?

1）皮肤氧化有哪些表现?

皮肤被氧化的最重要的特征就是脸色变黄，斑点和瑕疵增多，这就像苹果氧化后“发黄”，钢铁氧化后“生锈”一样。如果你的皮肤慢慢变得失去光泽，因为干燥变得没有通透感，甚至还长出许多色斑，这就是皮肤氧化的表现了。

抗氧化也就是在对抗皮肤老化，对于我们的护肤工作具有重大作用。现在越来越多的人，皮肤老化都有提前的趋势，所以更应该提前做皮肤抗氧化的工作。

2）皮肤怎样抗氧化?

（1）防晒、防止光老化。防晒、防止光老化是皮肤抗氧化保养中最重要的，如果不想长皱纹，不想提前变老，不想肤色变得粗糙和暗沉，那么第一步就是一年 365 天都做好防晒。紫外线晒多了对皮肤的伤害是很难补救的，所以防晒是抗氧化的第一步，防晒霜、遮阳伞、帽子、口罩等都可以用来防晒。

（2）坚持运动。坚持有氧运动可以让我们的血液循环加快，让心肺功能更好，可以预防心血管疾病；坚持无氧运动，可以预防骨质疏松。有规律的运动能通过排汗促进新陈代谢，让皮肤对抗氧化，使人显得年轻有活力。

（3）抗氧化剂。抗氧化剂也被称为自由基清除剂，可以帮助我们消灭体内过量的自由基。能给皮肤提供抗氧化保护的护肤品的代表成分有：肌肽、果酸、烟酰胺、玻色因、白藜芦醇、维生素 C、维生素 E、硒及其化合物、茄红素等。

CHAPTER 3

护肤品和化妆品这么多，你该怎么选

1

如何挑选适合自己的保湿剂类产品?

保湿剂分为两种，亲水性保湿剂和油性保湿剂。

亲水性保湿剂是一种可以增强皮肤角质层的吸水性，易与水分子结合而达到保湿作用的成分。包括以下三大类:

醇类: 甘油、戊二醇等;

天然保湿因子: 氨基酸、乳酸钠、吡络烷酮羧酸钠、尿素及其衍生物等;

大分子多糖: 透明质酸、壳聚糖等。

油性保湿剂是一种能够在皮肤表面上形成油膜状的保护性成分。形成的油膜能减少或防止角质层中水分损失，而且保护角质层下面水分扩散。油性保湿剂包括以下几类:

烷烃类油和蜡: 凡士林、矿物油、石蜡等;

脂肪酸类: 动植物油脂等;

皮脂腺脂质类: 角鲨烷 / 角鲨烯等;

细胞间脂质类: 神经酰胺、胆固醇、植物鞘氨酸等。

保湿剂是模拟人体皮肤中油、水、天然保湿因子的组成及比例而人工合成的复合物。挑选保湿产品方法很简单，皮肤的感受就是最好的答案。好的保湿产品使用后皮肤长时间会有湿润的感觉，并使皮肤光滑富有弹性。如果每日使用保湿类产品，皮肤仍然觉得干燥，那么就要加强保湿护理，如每天给皮肤大量补水、敷贴保湿面膜、平时多喝水等维持皮肤的湿润度。如果使用后觉得皮肤油腻、不舒服，那么就要减少外部护肤品油分的补充，使用清爽类的原液、精华等产品。所以挑选保湿类的产品一定要根据年龄、性别、皮肤性质、季节变化以及身体部位来选择，并且天天使用。

2

不同类型的卸妆产品有什么特征呢?

卸妆产品从对皮肤刺激程度由弱到强分为：乳霜型、乳液型、乳化凝胶型、透明凝胶型、液体型、油型、擦拭型等。

（1）乳霜型：油分和水分的配比平衡，使彩妆污垢容易浮出皮肤表面。另外，乳霜的硬度适中，可以作为缓冲，在卸妆时皮肤就不会被用力摩擦了，这也是其优点之一。

（2）乳液型：由于水分较多、不易溶解彩妆，所以清洁能力较弱，不适用于卸除浓妆。“乳”听起来好像对皮肤很好，但是化妆品中的“乳液”，是用表面活性剂将油分和水分乳化后制成的产品，所以不一定对皮肤有益。

（3）凝胶型：如果凝胶没有乳化而呈透明状，说明其中含有较多的表面活性剂。如果是凝胶型产品中的乳化卸妆凝胶（不透明、呈乳白色），则含有适量的油分，易于溶解彩妆，对皮肤的刺激也比较弱。

（4）液体型：由于油分较少、不易溶解彩妆，为了补救这个缺点，可能会添加大量的表面活性剂。另外，由于质感清爽，所以卸妆时容易摩擦皮肤。总之，这一类产品往往对皮肤的刺激性很强。

（5）油型：卸妆油的主要成分是油脂类，有的会添加脂类表面活性剂。主要是利用以油溶油的原理，溶解面部彩妆。因此适用于浓妆和持久性较强的妆容。但是一些卸妆油中添加合成脂类和不饱和脂肪酸类油脂，容易导致粉刺形成，因此不建议“痘痘肌”使用。

（6）擦拭型：由于几乎不含可以使彩妆浮出来的油分，所以含有大量表面活性剂，属于刺激性较强的卸妆产品。擦拭时的摩擦容易伤害皮肤，这也是缺点之一。虽然用起来简单方便，但是不建议每天使用。

3

为什么有时候使用护肤品会出现搓泥的现象？

搓泥现象其实在护肤品的使用过程当中很常见。我们在出现这种情况的时候，通常会认为是产品的原因。

事实上，人们的皮肤状态、使用方式，也是决定这一产品是否搓泥的关键因素，那么为什么会出现这样的现象？

就拿角质增厚来举例吧：当皮肤出现角质增厚的时候，肌肤表面其实是不平整、不光滑的。在角质堆积越厚的地方，就越容易引起护肤品吸收不畅，使肌肤干的地方依然很干。常规护肤品当中都会有脂质合成和各种提取物，以给肌肤提供营养和锁住水分。当皮肤表面平整的时候，这些成分会像一层保护膜一样均匀地附着在皮肤表面，防止水分流失；而在皮肤缺水、角质层增厚的情况下，则容易出现搓泥等现象，所以如果是皮肤状态引起的护肤品搓泥，我们就需要对皮肤做出相应的去角质处理。

还有就是使用方式引起的搓泥，前一种护肤品还没有吸收，后一种护肤品又接踵而至，或者是几种不同类别、不同质地的产品混合在一起使用，也容易导致护肤品的搓泥问题。正确的做法应该是，等上一个产品被完全吸收之后，再进行下一个护肤步骤！

搓泥不代表产品不好，大部分护肤品搓泥现象，都出现在浓度较高、较滋养的产品当中，也有因品牌不同，性状差异而引起的搓泥现象，确实不习惯的话，就需要在产品质地与功效当中做出选择，选择最适合自己，并为此感到愉悦、舒服的那一款。

4

天生皮肤黑的人，用美白产品有效吗?

对于一直追求白皮肤的女性来说，美白的道路可以说是格外漫长、明明用了不少的美白精华、面膜，可效果还是有点不尽如人意，到底是哪里出了问题呢?

首先，天生黑皮肤能变白吗?

不能，因为天生皮肤的黑主要是受到了遗传的影响。那么有人就要问了，为什么身边有的黑皮肤的人，还是依靠后天努力变白了呢? 我想说的是，那她肯定不是真的黑，只是她之前没有注意做好防晒而已，而现在她将防晒与美白结合起来，白回来自然也是比较正常的。当然，如果是青春期的话，也可能会受到身体的影响而变白。不过，这种可能性真的非常小。

其次，天生黑皮肤用美白产品有效吗?

没用，上面也讲到了，天生的肤色是父母给的，后天很难改变。但是可以改变气色，健康的身体就会有发光的肤色，所以天生肤色黑的人不要灰心，把身体养好是关键。另外，怎样判断自己天生的肤色呢? 其实主要是根据我们大腿内侧的皮肤颜色，因为它才是原本的肤色，也是能白到的极限。

最后，到底怎么才能变白?

简单来说 4 件事，防晒、晒后修复、抑制黑色素生成以及适当地去角质，只要这 4 点都做到，就离白得发光不远了。

5

牛奶敷脸可以美白吗?

“一白遮百丑”，每当夏季来临，紫外线越来越强烈，人们开始寻求各种各样的美白方法。很多人选择用牛奶敷脸，认为牛奶敷脸可以美白，可以拯救晒黑的脸部皮肤。那么，牛奶敷脸真的有美白效果吗?

在分析牛奶是否具有美白效果之前，我们首先应了解人为什么会被晒黑。人之所以容易被晒黑，是因为人体中存在黑色素细胞。当黑色素细胞受到刺激或者被激活时，就会生成一定量的黑色素颗粒，黑色素颗粒经过催化酪氨酸反应可以生成黑色素蛋白。当我们在室外被阳光照射时，人体中的黑色素蛋白就会开启“自我保护”功能，以防止紫外线对皮肤的伤害。如果长时间日晒，人体的角质层会增厚，导致黑色素无法及时排出体外，逐渐沉淀于真皮组织上，皮肤就会变得越来越黑。

牛奶的主要成分是水，还有蛋白质、维生素等营养成分，并不包括美白成分。牛奶中的蛋白质分子较大，直接用牛奶敷脸很难被皮肤吸收，并且也不能发挥调节黑色素代谢的作用，所以牛奶敷脸是不能起到美白效果的。但是，很多人经过实践，会感觉牛奶敷脸之后确实比敷脸之前白净很多，这是为什么呢? 原来，牛奶敷脸会一次性地补充皮肤角质层的水分，所以会在视觉上形成皮肤更白皙的错觉。牛奶敷脸最大的效果就是使脸部湿润，和直接用水敷脸的区别并不大。此外，直接用食用牛奶敷脸非常容易滋生细菌，导致皮肤表面的正常菌群失调，导致皮肤过敏。因此，在美白护肤时千万不可盲目跟风。

6

风靡化妆品界的“玻尿酸”究竟是什么？

玻尿酸又称葡萄糖醛酸、透明质酸，基本结构是由两个双糖单位 D- 葡萄糖醛酸及 N- 乙酰葡糖胺组成的大型多糖类。与其他糖胺聚糖不同，它不含硫。它的透明质酸分子能携带 500 倍以上的水分，为当今所公认的最佳保湿成分，被广泛地应用在保养品和化妆品中。

玻尿酸一般通过外用涂抹、外用注射、口服 3 种方式进行补充。但是，玻尿酸进入体内后的合成率，国际上没有获取相关临床数据证实。

1）玻尿酸的特点

玻尿酸大量存在于人体的结缔组织及真皮层中，是一种透明的胶状物质，又被称为“透明质酸”。

玻尿酸可以吸收大量的水分——1 克玻尿酸可以吸收 500 毫升的水分，相当于甘油 500 倍吸水能力，是真正的“保湿吸水王”。

2）玻尿酸的作用

玻尿酸是皮肤和其他组织中广泛存在的天然生物分子，具有极好的保湿作用，被国际上称为理想的天然保湿因子。它是目前自然界中发现的能用于化妆品的保湿性能最好的物质。

随着人体的老化，人体内的透明质酸（玻尿酸）会逐渐流失，从而导致肌肤失去储水能力，出现干瘪和老化，产生凹陷和皱纹。我们反过来想，如果往人体补充玻尿酸，自然能够让衰老干瘪的肌肤再次充盈年轻起来，而且效果很明显，也很自然。

3）玻尿酸相容性好，被广泛应用于化妆品中

玻尿酸是高档化妆品中最好的天然保湿成分，它相容性好，几乎可以添加到任何美容化妆品中，被广泛用于膏霜、乳液、化妆水、精华素、洗面奶、浴液、洗发护发剂、摩丝、唇膏等化妆品中，一般添加量为 0.05% ~ 0.5%。

7

玻尿酸吃下去和擦在脸上，真的有效吗?

玻尿酸的标准名称是透明质酸，玻尿酸作为一种护肤品的成分，确实既能在皮肤表面起保湿作用，又能有一部分成分渗透到皮肤里面，帮助促进胶原蛋白再生和促进皮肤的自我修复。

玻尿酸在护肤品中只有保湿、修复屏障两个作用。如果你的皮肤很干燥，或者屏障受损，可以选择含有玻尿酸的护肤品，但是玻尿酸口服之后根本不可能直接被人体吸收。口服后，玻尿酸和其他食物、药品一样会经过人体胃肠道的消化分解，先转化成小分子的多糖。

这些小分子多糖，一部分可能成为皮肤合成新的玻尿酸时所需要的原料。为什么说“可能”，因为这些成分能否转化并合成为新的玻尿酸，取决于皮肤中的成纤维细胞。如果成纤维细胞老化得较严重，即使有再多的原料也不行，因为成纤维细胞的合成能力不足。

皮肤里的成纤维细胞是皮肤合成玻尿酸、胶原蛋白及弹力蛋白等物质的工厂。只有当成纤维细胞足够健康活跃时，它才能利用这些多糖分子作为原料，来合成新的玻尿酸；反之，则无法有效合成新的玻尿酸。即使是最佳状态下的纤维细胞，能够利用的多糖分子也是有限的，不可能指望多摄入一点玻尿酸，然后它就能超额工作给你合成更多新的玻尿酸。而且获得小分子多糖的途径有很多，不一定非要通过吃玻尿酸。

一般人通过日常均衡的饮食摄入，就可以获得足够量的小分子多糖。在常见的食物里，如海带、香菇、坚果、枸杞、银耳、金针菇、南瓜、山药、黑木耳等，都富含天然的多糖成分。很多人觉得口服玻尿酸有用，其实很有可能是源于心理作用。

8

敏感性肌肤可以使用婴儿护肤品吗?

敏感性肌肤分为后天性敏感和先天性敏感两类。近年来，由于大家对护肤的重视，不少女性过度护肤，如过度清洁、过度去角质、敷面膜过多、涂抹太多的护肤品、追求速效护肤品、追求速效美容，等等。这些行为破坏了皮肤的屏障保护功能，所以敏感性肌肤的比例越来越高。

敏感性肌肤是近年来才被认可的，导致有很多女性的皮肤已经敏感了还不知道，因此也得不到恰当的护理。

敏感性肌肤的主要表现是：皮肤受损，细胞间脂质缺乏或成分紊乱，耐受度低，保水力差，所以当遇到冷、热、酸碱等物理、化学刺激的时候很容易发红、刺痛；非常容易被晒伤；缺乏正常皮肤的防晒能力；很容易受到微生物的损伤和攻击。

若你是狂热的护肤品爱好者，且有以下特征时，应当考虑属于敏感性肌肤，必须立即停止伤害肌肤的做法，并且采用修复措施，让皮肤重建健康的屏障。

（1）皮肤看起来薄得透明；

（2）面部有轻微红血丝或轻微潮红，对轻微的冷、热风吹都有很明显的反应；

（3）皮肤经常觉得紧绷缺水，秋冬季非常容易脱皮；

（4）使用某种护肤品时皮肤感觉刺痛，甚至流汗都会觉得刺痛；

（5）毛孔经常起疹子、小颗粒，有的会发炎，但是并不存在角质层厚的情况。（再次提醒，任何类型的肌肤都会变成敏感肌肤）。

有不少皮肤敏感的人因为找不到合适的护肤品而苦恼。其中很多人都认为给皮肤使用婴儿的护肤品应该安全了，因此便选用婴儿护肤品。

但是，婴儿护肤品通常并不适用于成人。因为婴儿皮肤有自己的特点。首先，婴儿的皮脂腺不发达，所有的婴儿皮肤都可以视为“中性肌肤”（皮脂腺在青春期时会受到激素影响而变得发达，因此油性皮肤的生成通常都是在青春期后）。其次，婴儿的皮脂腺分泌不足，所以婴儿的护肤品会添加很多油分。换言之，婴儿护肤品是给干性皮肤设计的。如果油性肌肤使用了含有高油分的婴儿护肤品，原本分泌旺盛的皮脂和护肤品里的油分一起油上加油，反而更容易堵塞毛孔。使痘痘问题更加严重。

因此大家记住，“婴儿护肤品 = 中性肌肤护肤品”而不是“婴儿护肤品 = 温和”。护理敏感性肌肤需要合适的护肤品与护肤方法。

9

该如何挑选适合自己的洁面产品？

洗脸基本上是每一位女性每天的例行事项，就算是不化妆，脸还是要洗的。这样干干净净的睡觉或是保养，才能更有效果。洗脸最重要的目标就是将肌肤表面的脏污洗去，所以清洁最重要的是根据污染物质（灰尘、汗、皮脂、彩妆等）的特性来挑选产品，并根据肌肤的状态正确地清洗。

首先，洁面产品的种类有洁面乳、洁面露和洁面皂。

1）**磨砂洁面乳**

洁面乳中加入了磨砂颗粒用于清洁肌肤和去角质，但对肌肤有一定损害，不推荐长期使用。

2）**洁面乳**

具有乳霜状外观与相当稠度的膏状制品，是大众最常选择的脸部清洁剂。

3）**洁面露**

外观呈透明凝胶状，质地清爽且泡沫细腻，具有深层清洁的作用，适用于油性肌肤和痘痘肌肤。

4）**洁面皂**

外观呈硬块状的偏碱性皂化配方制品，拥有极佳的清洁力，但容易造成洗完脸后脸部表皮紧绷干燥的感觉，适合健康偏油性肌肤。

其次，洁面产品的好坏，主要取决于其成分有哪些。

1）保湿成分

保湿剂分为油性保湿剂与水性保湿剂两类。油性保湿剂是油脂、高级醇、酯、蜡类等，擦在脸上可以形成一层人工皮脂保护膜，让角质的水分不至于散失。水性保湿剂则是水溶性的，如甘油、胶原蛋白、天然保湿因子等。其本身具有吸水性，可以将水分保留在角质一段时间。

2）收敛毛孔成分

水杨酸：可以改善毛孔堆积皮脂的情况。

酶：作用缓和，可溶解角质，有辅助肌肤进行角质脱落的清洁功效。

收敛剂：包括氯化铝、明矾等，可暂时凝固肌肤上的角质蛋白，使皮脂的分泌受到抑制，可以暂时性收缩毛孔口但长期使用反而会增加肌肤负担。

植物萃取液：金缕梅、麝香草、鼠尾草、绣线菊等萃取液有收敛效果，效果慢但安全。

3）抗敏成分

甘菊兰：具有缓和功效，对敏感或起红疹的肌肤可起到舒缓的效果。

甜没药：具抗菌性，可抗过敏。

洋甘菊：具有优良的抗刺激效果，为目前低敏性制品及婴儿用保养品常选择添加的成分。

尿囊素：具有激发细胞健康生长的功能，有促进伤口愈合的功效。

甘草精：具有解毒及抗发炎的功效，除了可缓和肌肤刺激外，还可协助美白。

最后，洁面产品的选择及洁面时的注意事项。

洁面的原则是“充分且适度”，即只要能够让皮肤变得清洁并不造成损伤就可以了。如果你是正常肌肤、没有化妆，理论上可以选择任何类型的洁面产品。如果你是敏感肌肤或炎症受损的肌肤，应当尽可能减少刺激，避免使用有摩擦力的产品。如果你使用了非常强力的防水性产品，如抗水防晒霜、彩妆，则很有必要使用卸妆油或卸妆乳。衰老性肌肤（角质太厚）、白头黑头很多者，则可以考虑使用一些辅助清洁用品。如果你在旅行中不方便用水洗，可以选择洁面水配合纸巾，以备临时之用。

10

如何挑选美白产品，美白产品可以长期使用吗？

一般来讲，美白产品在 3 个方面发挥作用：一是阻断紫外线，二是还原黑色素，三是阻断黑色素的生成。另外，皮肤在年轻时黑色素的生成量比较少，黑色素细胞的活跃度也不高，因此很多年轻的女孩子晒太阳后，即便皮肤出现一些晒红或者晒斑，都会很快消失；但是人到中年后，由于黑色素的生成量本身就会比较多，此时皮肤的逆转性就会变得比较差了。因此对不同年龄阶段的女人而言，阻断黑色素的生成就是美白的重要方法。挑选美白产品，你必须知道 3 个要点！

（1）防晒——年轻的消费者使用具有防晒功效和阻断紫外线的美白产品，未满 25 岁的女性一定要做好防晒，才能让皮肤美白无瑕。

（2）黑色素——已生成黑色素的和年龄比较大的女性，应该选择能够阻断黑色素生成的美白产品。

（3）保湿——选择使用美白产品的同时还要注意选择化妆品保湿的功效。因为美白的过程也是皮肤更新和清洁的过程，而去除掉老化的角质层会让皮肤比较干燥，而干燥的皮肤很容易产生黑色素所以需要及时地补充营养和水分，让皮肤充满水分也是有效抵抗紫外线的方法。

选择美白的产品一定要选择合规的产品，所谓“合规”的美白产品，就是符合世界各国法律规定的产品，不添加违禁成分。这类产品能不能长期使用，主要考虑 3 个因素。

（1）个人的皮肤状况：每个人的皮肤状况千差万别，不同类型的肌肤，在选择美白、淡斑产品和使用方法时是不同的。如果肌肤健康，角质层厚，耐受力强，大部分美白产品都可以使用；如果肌肤基本正常，只是局部稍微有点敏感，可以尝试一些温和的美白、淡斑产品，对刺激性大，含量高的“猛药”级产品，就要慎重尝试；如果肌肤特别敏感、脆弱，有红血丝，这时最主要的是做好肌肤保湿和修复，美白、淡斑的产品可以先放一放，等皮肤稳定了再用。如果有美白的需求，做好防晒效果可能会更明显。

（2）美白成分的特性：市场上美白成分非常多，美白机制差别很大。像果酸（α-羟基酸）这类具有加速角质代谢的成分，如果产品中添加的浓度高，就不建议长期使用，因为长期使用容易导致皮肤角质层变薄，破坏肌肤屏障。在果酸这类成分中，应用比较广泛的有羟基乙酸（甘醇酸）、柠檬酸、苹果酸、柑橘酸、乳酸等。国内规定 α-羟基酸的最大添加浓度为 6%，低于这个浓度的产品，正常肌肤在日常使用时没有问题。国外有很多产品超过这个浓度，就不建议长期使用了。

（3）氢醌是一个传统的美白、淡斑成分，但有少数肌肤在长期使用后会永久破坏黑色素细胞，形成白斑。早期国内允许最大添加浓度为 2%，现在已经禁止在护肤品中使用，但一些药品和医院的内部制剂仍在使用。国外有些国家允许添加，如美国有的产品添加浓度可以达到 4%。含有氢醌的美白、祛斑产品，不建议长期使用。消费者经常接触到的维生素的衍生成分，如烟酰胺、传明酸、熊果苷、曲酸等各种具有美白作用的植物提取物等，只要不超过国家指导添加量，可以长期使用。

CHAPTER 4

防晒和补水，这两件简单的事一年四季都要做

1

经常晒太阳对皮肤有好处吗?

皮肤经常暴露在阳光下并非坏事，适度地晒太阳对皮肤是有益的。皮肤适当接受紫外线照射，皮肤上的细菌可以被杀死，从而增加皮肤的抵抗力。阳光中的紫外线辐射还促进了维生素 D 的合成。但是，一定要掌握正确的方法，并且不能长时间暴露在阳光下，否则紫外线会对皮肤造成伤害，甚至造成晒伤。通常来说，每天至少 20 分钟的阳光照射就能满足人体的需要。

如何健康地晒太阳:

（1）不要透过玻璃让自己暴露在阳光下，因为玻璃会吸收活跃的紫外线。应该走出去，在空气新鲜和阳光充足的地方锻炼。

（2）晒太阳的时间不宜过长，不超过半小时即可，也可以在太阳下晒一会儿，然后在树下降温。当阳光强烈时，尤其注意避免晒伤皮肤。

（3）晒太阳时，阳光要直接接触皮肤，皮肤能自行合成维生素 D，有利于钙的吸收。

2

如何正确使用防晒产品？

正确使用防晒产品，有助于预防皮肤疾病。防晒产品有很多优点，但如果使用不当，效果可能会减半。

（1）出门前 30 分钟使用。当使用化学防晒产品时，阻挡紫外线的成分往往需要 15 ~ 30 分钟才能均匀而紧密地附着在皮肤上。

（2）在化妆前使用。根据实验，最好先涂乳液，再涂防晒霜。使用乳液后再使用防晒产品，可以使产品均匀分布，也可以增强防晒效果。如果想获得良好的防晒效果，必须涂抹足够的防晒霜，以保持均匀的厚度，并让皮肤很好地吸收它。轻拍比用力更能有效地均匀涂抹防晒霜。另外，多次少量使用，比一次性使用效果会更好。

（3）每两小时补一次妆。许多研究结果显示，最理想的补涂防晒霜的方法是每两小时补涂一次。事实上，大多数人使用的防晒霜用量不到推荐用量的 1/4。因为涂抹量太小，实际的防晒功效达不到产品标签所写的值。如果考虑到一般人群的防晒霜使用量和风吹、日晒等环境因素，应该每 2 ~ 3 小时补涂一次。

3

防晒能延缓肌肤衰老吗？

随着年龄的增长，人的皮肤开始出现变化，如皱纹和下垂。防晒不可能完全扭转老化迹象，但可以尽量减少这些变化。阳光中的紫外线是肌肤衰老的两大元凶之一。每天坚持涂抹防晒霜，可将肌肤的光老化程度降低。在户外时尽量避免肌肤暴晒在阳光下，如到有阴影的地方；尽量选择具有遮蔽性的衣物，无法用衣物遮蔽时就要涂抹防晒产品。

为有效延缓衰老应做到以下几点。

（1）注意防晒。研究认为，暴露于阳光中的紫外线可能会导致 90% 以上的皮肤出现老化的迹象。即使在冬季，长时间在户外时，都应该注意防晒。

（2）选择防止紫外线的，防晒系数（SPF）至少为 15 的防晒霜，更高的防晒指数也可以提供更好的防紫外线辐射。选择防水且含有锌或二氧化钛的防晒霜。如果出汗多或游泳，每隔 1 ~ 2 小时重新涂抹一次防晒霜。

（3）在阳光下戴一顶帽子，帽子为脸部提供遮阳，这可以减少对阳光的总体暴露，并可能有助于减少老化迹象。太阳镜能够为眼睛周围敏感的皮肤提供额外的保护，有助于防止晒伤。

（4）每天锻炼。经常锻炼会增加身体的新陈代谢，消除身体中的代谢物，从而创造健康的肌肤光彩。

（5）每天保湿。有助于预防或减少皱纹和细纹的产生，使皮肤看起来更年轻和健康。

（6）建议每月去一次角质。新的肌肤使人看起来更年轻更容光焕发，而老旧的死皮细胞则让脸部皮肤显得粗糙。过于频繁去角质可能会对皮肤造成伤害，建议每月使用一次去角质洁面。尝试含有水杨酸或者微晶磨皮的去角质剂，可以获得最佳效果。

（7）使用抗衰老面霜。抗衰老面霜有助于减少皱纹，同时保持肌肤年轻健康。抗衰老面霜的一些常见有效成分包括：视黄醇、维生素 C、羟基酸 、辅酶 Q_{10}、烟酰胺、茶叶萃取物 、葡萄籽提取物。

（8）养成良好的有助于保持年轻的习惯。多喝水，保持水分，每天至少喝 4 杯水可以帮助皮肤保持弹性。吃健康的富含抗氧化剂的食物，包括胡萝卜、杏子、菠菜、西红柿、蓝莓、鲑鱼和鲭鱼等。此外还应该保持充足的睡眠。

（9）杜绝不良的对保持年轻肌肤有损的习惯。一些研究表明，不健康的饮食，包括加工食品、精制碳水化合物和高脂肪饮食会导致肌肤过早的老化。抽烟时，接触香烟烟雾会加速自然老化过程，导致更多的皱纹和过早的皮肤损伤。

4

防晒霜的 SPF 值越高越好吗?

皮肤老化有两种类型：自然老化和光老化。自然老化是不可避免的，而光老化是由暴露在紫外线或其他有害光源下造成的，可以延迟。其中，防晒是延缓光老化最重要的手段之一。为了抵御阳光紫外线的伤害，各种防晒剂被开发出来，防晒产品成为夏天的必备之物。那么，什么是好的防晒产品呢？SPF 已成为参考选择指标之一。SPF（sun protection factor）是指防晒指数。这是美国食品和药物管理局（FDA）提出的一个概念。1978 年，美国 FDA 首次提出使用 SPF 来衡量防晒霜对紫外线 B（UVB）引起的烧伤的有效性。一般的理解是，SPF 跟随的数量越大，保护效果越好。既然是这样，为什么不买大一点的呢？

从理论上讲，防晒霜会减少到达皮肤的紫外线量，SPF 值越高，防晒效果越好。但无论防晒指数有多高，也无法 100% 阻隔紫外线。例如，如果 SPF50 可以阻挡 94% 的紫外线，那么 SPF30 可以阻挡 97% 的紫外线，而不是 SPF15 的两倍。当然，不管是哪种类型的防晒霜，都应该每 2 ~ 3 小时补涂一次。因此，经过测量，SPF50 的防晒霜已经足够了。我们可以搭配采取一些其他的防晒措施，如戴帽子、打遮阳伞或穿披肩外套等。

需要注意的是，防晒霜等化妆品属于“特殊用途化妆品”的范畴，必须经卫生行政部门批准，取得批准文号后方可生产。

5

皮肤晒伤后应该如何科学修复？

皮肤晒伤实际上是一系列皮肤病理变化。在最初的几小时内，皮肤中的角质细胞会释放炎症因子，引起红、肿、热、痛等炎症反应，并增加血管的通透性。变红的情况通常发生在晒伤后，或在晒伤后 3 ~ 4 小时，通常在晒伤后 12 ~ 24 小时达到高峰。由于紫外线的刺激，作为一种防御机制，染色质也会开始分泌黑色素，所以很容易导致晒伤。晒伤的主要表现是皮肤弥漫性红斑或轻微肿胀，边界清晰，有烧灼感。

晒伤后紧急治疗的第一步是冷却发炎的皮肤。可以用自来水冷敷，不建议冰敷。也可以使用镇静、舒缓的面膜来冷却和舒缓皮肤。第二步是修复屏障。一般建议在皮肤红肿消退后使用，一些草药提取的修复产品也可以起到修复屏障的作用。最后是防止色素沉着，防止发黑。考虑使用一些含有烟酰胺和谷胱甘肽的产品，然后口服维生素 C 以防止色素沉着。

因此，晒后修复可以概括为降温、保湿、止痛、补水、避免感染、防止色素沉着和防晒。而最重要的是做好防晒！

6

气温变化会对皮肤产生影响吗?

由于人类是恒温动物，体温恒定在 36 ~ 37 摄氏度，所以有些人会认为皮肤的温度像体温一样恒定，其实这是错误的。人体组织器官和皮肤因部位不同会有很大差别。

人体肝脏的温度最高，其次是血管和肌肉，最后才是皮肤。皮肤的温度一般都低于 37 摄氏度，它受皮肤内血循环和外界气温的影响，一般规律是躯干比四肢高，四肢近心端比远心端高，血循环较丰富的头、面及掌跖处皮温也较高，最低的是耳郭、鼻尖及指端，外界气温的变化对皮肤温度的影响也是明显的。例如：夏季时胸部皮肤温度为 36.6 摄氏度，大腿处为 33.6 摄氏度；到冬季时胸部为 36.4 摄氏度，手部温度仅有 10 摄氏度左右，温度相差较大，保温不得当，很容易发生冻疮。

皮肤的微循环对体温的调节有重要作用。当体内外温度升高时，皮肤微循环血流增加，流速加快，血管扩张，出汗增加，以散发热量；反之，体内热量产生较少，外界温度较低时，皮肤血流量降低，流速变慢，血管收缩，防止从皮肤散失热量。许多人认为饮酒可以祛寒，这也是不完全正确的。饮酒，皮肤微循环血管扩张、血流量增加，可以暂时起到温暖皮肤，祛寒的作用，但同时也更加快了体内热量从皮肤散失的速度，一旦酒精作用消失，人便更觉寒冷。而且过量饮酒时，皮肤微循环血管调节功能麻痹，对寒冷的抵抗力大大减弱，很容易发生冻疮、冻伤，所以在冬季不提倡饮酒取暖，更要禁止在喝得酩酊大醉时外出。

7 皮肤水分测试仪靠谱吗?

“水分测试仪”的原理其实很简单：测试笔的末端有一个导电头，皮肤的导电性随含水量的不同而不同。皮肤表面含水量越高，其导电性越好。检测结果以皮肤电导率数据为基础，参照相应标准即得到皮肤含水量数据。

使用“水分测试笔”获得的含水量实际上是皮肤角质层表面的含水量。含水量的高低不仅与使用的护肤品有关，也与环境有关。

例如，用清水洗脸后，皮肤表面的水分会随着空气慢慢蒸发。皮肤角质层的含水量只在刚洗完脸时达到最高。然而，角质层水分含量高并不意味着皮肤水分含量高。因为我们之前说过角质层的主要水分来自真皮层。而且，由于皮肤的屏障作用，化妆品中的水分很难真正进入皮肤。

所以，用“水分测试笔”测试皮肤水分其实对护肤没有什么实际作用，也不可能据此确定皮肤的水分含量高低或是否缺乏水分。

CHAPTER 5

饮食习惯与生活方式是如何影响皮肤的

1

酱油吃多了会导致肌肤变黑吗?

在我们的肌肤中，有一种黑色素细胞，而酪氨酸会和氨基酸作为一种原料，经过酪氨酸酶的催化作用，以及其他的复杂性化学反应，产生黑色素。而黑色素就是我们肌肤颜色的主要决定性因素。它的多少受到遗传基因、激素水平及紫外线的照射等因素的共同影响。

酱油中是否含有这种黑色素呢？答案肯定是没有。酱油里的确含有酪氨酸，不过，它并不是唯一一个含有酪氨酸的食物，甚至都不是食物中富含酪氨酸的佼佼者。

不同制作工艺、种类、品牌的酱油，酪氨酸的含量会稍有出入；但通常不见得比白色的牛奶、豆浆更高，更远远比不上素称有美白功效的薏米。可见食物中酪氨酸含量的多少，其实对肤色的影响并没有我们想象得那么大。实际上，原料的充足显然不等于成品的高产，就算吃下去大量酪氨酸，体内的黑色素生产流水线不加班，也不见得会形成更多的黑色素。

那么也许有人产生了新的疑虑：酱油里会不会含有促进合成黑色素的催化剂呢？其实，黑色素在生产过程中最重要的催化剂就是酪氨酸酶，它不能耐受强酸，无论酱油里是否含有酪氨酸酶，都会在进入胃的时候，被胃酸灭活，失去了能催化化学反应的生物活性。因此，酱油里其实既不富含黑色素的原料，也无法促进黑色素的合成。

2

吃猪蹄、银耳真的能补充胶原蛋白吗?

不能！首先，进入体内的蛋白质必须被分解为最小单位的氨基酸才能被吸收，吸收后的氨基酸需要重组，变成新的、能被利用的蛋白质。而胶原蛋白所含的氨基酸在所有蛋白质中相对较少，吸收率也较低。其次，胶原蛋白和其他蛋白质一样，都无法被直接利用，而是需要先被分解为氨基酸，再作为新蛋白质的原料。简单说，就是猪蹄中的胶原蛋白只有很少部分能被吸收，即使少部分的胶原蛋白被吸收了，也会被分解为氨基酸再利用。有趣的是这些氨基酸在常见的食物中都可以补充，所以没必要专门吃猪蹄来补充胶原蛋白。猪蹄中含有的胶原蛋白并没有想象中的那么多，倒是里面的脂肪和胆固醇的含量可能超乎你的想象。所以经常食用猪蹄，不仅不能补充胶原蛋白，而且容易发胖，还需要小心高脂血症。

3

女性美容护肤抗衰要常吃什么?

永葆青春容颜是每个女人的梦想，抗衰老可谓是女人一生的事业。在平时工作中经常会有女性问吃些什么食物有抗衰老作用。以下介绍几种常见的蔬菜，相信持之以恒，一定会有效果的!

西兰花：西兰花富含抗氧化物维生素C及胡萝卜素，十字花科的蔬菜已被科学家们证实是最好的抗衰老和抗癌食物。

冬瓜：冬瓜富含丰富的维生素C，对肌肤的胶原蛋白和弹力纤维，都能起到良好的滋润效果。经常食用可以有效抵抗初期皱纹的生成，令肌肤柔嫩光滑。

洋葱：洋葱富含相当多的硫黄，能帮助你的皮肤和肝脏排毒，而且能重建结缔组织，如胶原蛋白。洋葱槲皮素能帮助清除自由基。

胡萝卜：胡萝卜富含维生素A和胡萝卜素。维生素A可使头发保持光泽，皮肤细腻。胡萝卜素可清除致人衰老的自由基。另外，胡萝卜所含的B族维生素和维生素C等招牌营养素也有滋润皮肤、抗衰老的作用。

西红柿：西红柿营养丰富且热量低，酸性汁液丰富，含有丰富的茄红素、多种维生素、矿物质、微量元素、维生素C、优质的食物纤维及果胶等高价值的营养成分。

菠菜：菠菜中的营养物质可以使体质强、皮肤好，可以帮助体内排出代谢物，可以拥有好视力、稳定情绪、远离缺铁性贫血。

菠菜中的叶酸对准妈妈非常重要，怀孕期间补充充足的叶酸，不仅可以避免生出有发育缺陷的宝宝，还能降低新生婴儿患白血病、先天性心脏病等疾病的概率。

香菜：香菜富含营养素，其中维生素 C 含量为番茄的 2.5 倍，胡萝卜素含量为番茄的 2.1 倍，维生素 E 含量为番茄的 1.4 倍；矿物质含量更远胜于番茄，如铁含量为番茄的 7.3 倍，锌和硒的含量为番茄的 3.5 倍等。生食香菜可帮助新陈代谢，有利于减肥美容。

芹菜：芹菜里的有机钾是一种重要的电解质，能帮助清洁细胞。另外，芹菜叶子中的钾含量要比茎中的高很多，如果可能的话，尽量一起食用。

4

听说用醋、食用盐、米饭团可以去角质，真的有效果吗？

角质层是表皮的最外层，具有防止皮肤水分丢失，保护皮肤免受外界不良因素侵害的作用。由于角质层的代谢周期是 28 天左右，而油性肌肤和中、干性肌肤的角质层厚薄是不一样的，平时使用洗面奶洁面时已经可以达到清洁角质的作用，因此没有必要专门去角质。但是由于油性肌肤的角质层相对较厚，如果 1 ~ 2

个月使用正确的方法去角质，也是可以的；而中、干性肌肤或敏感性肌肤，其本身角质层偏薄，皮肤的防御能力较弱，所以不建议专门去角质。那么我们来看下这3种去角质的妙招是否有用呢？

（1）醋酸确实能软化角质，所以有的人用醋洗完脸后觉得白嫩了，其实只是因为老化角质被剥离而已。但是白醋中含有大量醋酸，它会使我们的角质层脱落，并且连带着角质层中的黑色素脱落，长此以往就会导致我们的皮肤屏障受损，出现红血丝，甚至还会变成敏感肌。

（2）盐虽然有控油的功能，但是皮肤比我们想象的要更娇嫩，最怕的东西就是盐和碱（面部皮肤一般呈弱酸性，具有一定的抵抗外界刺激的作用）。因为盐的颗粒很大，直接作用于皮肤会破坏皮肤的角质层，导致角质层变薄，变得易敏感，出现红血丝等，尤其是中、干性肌肤。所以为了皮肤的健康，建议大家使用正规的专业护肤品。

（3）米饭煮熟以后，每粒米都吸饱了水分，根本无法再吸取油脂；而且煮熟的米饭如果涂于面部，淀粉没有清洗干净很容易成为细菌的温床，导致皮肤感染，严重的还会导致毛囊炎等。利用米饭的黏性也许可以去除少量肌肤表面的灰尘、皮屑，但是没有任何去角质的作用。

5

敷柠檬片、用淘米水、大量吃美白丸可以让自己变白吗?

柠檬含有丰富的维生素 C，其主要成分是柠檬酸，在美白肌肤、抵抗皮肤老化方面具有极佳的效果，对消除疲劳也很有帮助。但是柠檬所含的维生素 C 的浓度远不足以淡化色斑和美白。除此之外，未经提炼的天然柠檬中的维生素 C 不仅不能被皮肤吸收，而且含有感光成分，如果敷面以后没有洗干净就晒太阳，则会大大增加出现色斑的概率。同时，柠檬中所含的柠檬酸，其酸度是非常大的，而酸具有腐蚀性，如果没有经过稀释直接用于皮肤，就会导致肌肤敏感，甚至灼伤肌肤导致皮肤变黑或起水疱。

淘米水虽然含有一定量的维生素、矿物质，但是我们的皮肤无法吸收这些物质来达到美白的效果；而且淘米水中含有很多的灰尘、细菌、杂质等。用淘米水洗脸不但不能美白，相反很可能会造成皮肤过敏。

美白丸中的美白活性成分是生物类黄酮（类雌激素作用）+维生素 C +胡椒碱。生物类黄酮具有清除自由基、抗氧化，补充雌激素，调节免疫力，抗妇女更年期综合征等作用，但是如果大量服用，雌激素就会增多，导致内分泌紊乱、月经失调、血糖下降的副作用。所以服用美白丸可能有美白效果，也可能没有，个体差异巨大。因副作用较多，所以不建议使用。

6 皮肤出现过敏反应是怎么事儿？

过敏反应是指已免疫的机体再次接受相同物质的刺激时所发生的反应。反应的特点是发作迅速、反应强烈、消退较快，有明显的遗传倾向和个体差异。生活中人们常会看到这样一些现象：有的人吃了鱼、虾等食物后，会发生腹痛、腹泻、呕吐，或是皮肤奇痒难熬；有的人吸入花粉或尘土后，会发生鼻炎或哮喘；有的人注射青霉素后会发生休克。

引起过敏反应的物质叫作过敏原，如花粉、室内尘土、鱼、虾、牛奶、蛋类、青霉素、磺胺、奎宁等。有些人接触到过敏原时，在过敏原的刺激下，由效应 B 细胞产生抗体。有些抗体吸附在皮肤、呼吸道或消化道黏膜及血液中某些细胞的表面。当相同的过敏原再次进入机体时，就会与吸附在细胞表面的相应抗体结合，使上述细胞释放出组胺等物质，引起毛细血管扩张、血管壁通透性增强、平滑肌收缩和腺体分泌增多等。上述反应如果发生在皮肤，则会出现红肿、荨麻疹等现象。

7

长期吃高 GI 的食物会导致皮肤变差吗？

血糖指数（glycemic index,GI）是根据食物对血糖水平的影响对食物进行排名的量度。高 GI 值的食物被快速消化和吸收后，会导致血糖水平的快速上升和下降。

常见的高 GI 食物：加糖饮料（如苏打水），精制谷物（白米饭、面包、通心粉等），土豆、南瓜、烤地瓜，加工食品（椒盐脆饼干、年糕、爆米花、咸饼干等），甜瓜、西瓜、香蕉等。

糖真的会使皮肤加速老化吗？

答案是肯定的，至于为什么糖会造成皮肤的老化，我们先要了解什么是糖化反应。

不可否认，精糖确实是人体的必需品，并且经过体内酶的作用会产生一系列复杂的化学反应，从而释放出生存所需的必要能量。对于运动量大，没有代谢问题，生命力旺盛的年轻人来说，摄入的糖大部分都会被代谢掉，不会积存在体内。当然如果在摄入糖分过多的情况下，也会造成多余的糖分在体内积累。但随着年龄的不断增长，人体的各项机能也都会出现下降，身体对糖的代谢能力也会出现下降，所以年龄大一些的人群，更容易使糖在体内堆积。

体内积存的糖分没有了酶的作用，就会与真皮中的胶原蛋白产生反应，从而导致不可逆的“高级糖基化终末产物”，这也就是所谓的糖化反应。

糖化反应会使皮肤越来越黄，质地变得更脆。并且在高级糖基化终末产物的受体被激活后，体内产生大量的自由基，从而又会对体内的抗氧化系统造成过多的负担，使体内的黑色素快速生成。

所以摄入的糖在体内产生糖化反应之后，会导致皮肤加速老化，并且还会使皮肤变得更黄，让很多女性提前变成了“黄脸婆”。

低 GI 饮食法，从这三方面着手。

（1）多吃全谷物。日常饮食中多吃些燕麦、糙米等食物。

（2）多吃杂豆类食物。可以单独食用，也可以随餐食用些红小豆、花豆、绿豆等食物。

（3）多吃蔬菜水果。每天在运动前后或是两餐之间适量吃些低热量的水果，可以降低空腹血糖，也能降低餐后血糖与糖化血红蛋白水平。

8

多洗脸对治疗痘痘有好处吗?

痘痘好发于皮脂分泌旺盛的油性肌肤。因为过多的油脂容易阻塞毛孔，才有很多人认为应该多洗脸，甚至认为要使用能让脸部有紧绷感的强力洁面产品洗脸才行。不过这并不是事实。若是因为脸泛油光就过度清洁，反而对痘痘肌不好。其实经常洗脸对痘痘没有什么好处，一般一天洗两次即可。

具体步骤如下。

第一步：用温水湿润脸部

洗脸用的水温非常重要。有的人图省事，直接用冷水洗脸；有的人认为自己是油性皮肤，要用很热的水才能把脸上的油垢洗净。其实这些都是错误的观点，正确的方法是用温水。这样既能保证毛孔充分张开，又不会使皮肤的天然保湿油分过分丢失。

第二步：选对洁面产品

油性肌肤应选择清洁力较强且具有保湿作用的洁面产品，深层清洁面部油污以及毛孔，每次洁面时间不宜过长，一般 2 ~ 3 分钟。

第三步：轻轻按摩

把泡沫涂在脸上以后要轻轻打圈按摩，不要太用力，以免产生皱纹。大概按摩 15 下，让泡沫遍及整个面部。

第四步：清洗洁面乳

用洁面乳按摩完后，就可以清洗了。一些女性担心洗不干净，用毛巾用力地擦洗，这样做对娇嫩的皮肤非常不好。应该用湿润的毛巾轻轻在脸上擦拭，反复几次后就能清除掉洁面乳，又不伤害皮肤。

第五步：检查发际

清洗完毕，你可能认为洗脸的过程已经全部完成了，其实并非如此。还要照镜子检查一下发际周围是否有残留的洁面乳，这个步骤也经常被人们忽略。有些女性的发际周围总是容易长痘痘，可能就是因为忽略了这一步。

9

长期熬夜会使皮肤变差吗？

皮肤的新陈代谢也就是细胞的分裂和再生通常是在睡眠中进行的，而长期熬夜会导致身体的新陈代谢异常，皮肤容易出现缺水的情况，再加上废旧角质层堆积、气血紊乱等原因，皮肤容易变差。熬夜之后皮肤容易出现的问题有：睡眠减少会导致身体的代谢紊乱，而且会影响到身体的内分泌功能，导致浮肿产生。干燥缺水会造成许多皮肤问题，有些出油也是因为过于干燥，皮肤主动分泌油脂。而且随着年龄的增加，皮肤胶原蛋白也会加速流失，此时再加上熬夜的话，干燥缺水的表现也会更加严重。熬夜会加速体内人源胶原蛋白的大量流失，皮肤缺少水的支撑自然容易出现松弛。比较明显的是脸颊、眼周等位置的肌肤松弛。

1）眼部周围有很重的黑眼圈

如果眼圈周围出现了黑眼圈，并且黑眼圈长时间没有散去的话，多半是睡眠不足导致的，要及时补充睡眠。睡眠不足，眼睛得不到休息，眼周的血液循环变慢，眼睛下面就容易发青，出现黑眼圈。

2）总是长粉刺和痘痘

经常睡眠不足的人，身体的皮质醇分泌会变多。而体内的皮质醇含量超标，身体就容易出现炎症，表现在皮肤上就是经常长粉刺。睡眠不足，脸部皮肤的油脂分泌会变多，容易堵塞毛孔，毛孔被堵住之后，就容易长痘痘。如果脸上经常长粉刺和痘痘，说明你需要每天及时入睡，还要好好地做皮肤管理，以免痘痘和粉刺越长越多。

3）皮肤暗沉和干燥

很多女性会把睡觉称为睡美容觉。因为只有充足的睡眠，我们脸部皮肤的气色看起来才会好一点，这样整个人看起来状态也会更好。如果经常睡眠不足，体内透明质酸的分解速度会加快，皮肤就会变得失去光泽，显得很干燥、干瘪和暗沉。脸部的气色就会显得非常的不好，看起来黯淡无光。

4）皮肤容易长皱纹，衰老的速度加快

随着年龄的增加，皮肤长皱纹是件很正常的事情。但是我们都不希望皮肤过快和过多的长皱纹。如果经常熬夜，睡眠不足，体内胶原蛋白的流失速度就会加快，皮肤就容易失去弹性，并且没有时间进行自我修复，从而皮肤的老化速度就比较快，容易长皱纹，使人看起来会非常显老。

10

为什么换一个地方皮肤会出现水土不服呢?

地域跨越从东到西、从南到北，外界环境中温度、湿度都会有变化，就像换季的时候一样，如果仍然使用之前一样的护肤方式，皮肤很容易出现所谓不适应的问题。很多人在一个地方待久了，突然换到另一个地方就可能会极度的不适应，这种情况是很常见的。那么当我们出现了水土不服导致皮肤过敏时该怎么办呢？有什么好一点的缓解办法吗？

要避免皮肤水土不服应做到以下几点。

（1）多喝水，给身体补充足够水分。皮肤过敏跟自身体质有很大的关系，大部分的皮肤过敏表现都是红肿、起皮、缺水明显。对于爱上火的体质就需要多喝水，给身体补充足够的水分，保证身体不缺水。

（2）给肌肤补水。过敏的皮肤更脆弱，更容易丢失水分，所以要给皮肤补充水分。

（3）杜绝辛辣刺激的食品及海鲜食品。皮肤过敏期间，在吃的方面尤其要注意。海鲜食品很容易诱发过敏，甚至加重过敏表现，辛辣刺激的食品容易使身体发热，加重过敏反应，过敏期间应停止食用。

（4）保持心情愉快。保持良好的心态对于治疗皮肤过敏也有很好的帮助。心情不好的时候，人的体内会产生很多消极激素。

CHAPTER 6

面对脸上的那些斑斑点点，应该如何对待它们

1

戴口罩爆痘、过敏如何改善?

为什么戴口罩会导致爆痘?

口罩可以阻挡外界的病毒和细菌，这是好的一面。但不好的一面是，口罩也可以吸附和聚集从呼吸道呼出的细菌和脏物。细菌和其他微生物的积累，再加上潮湿不透气的环境，很容易导致细菌的增殖和生长，导致毛囊炎，加剧痘痘的产生。

解决方案如下。

（1）在保证安全的前提下，每隔 2 小时左右摘下口罩，让皮肤自由呼吸。此外，需要及时更换口罩。

（2）科学护肤：在清洁方面，尽量选择无皂的洁面产品，选择清爽保湿的护肤品，避免使用粉底彩妆、BB 霜等油性粉质护肤品。

（3）爆痘时，不要用手去挤压痘痘。可以使用外用抗菌药，如克林霉素凝胶等。如果痤疮很严重，应该及时去医院治疗。

那么，为什么戴口罩会引起皮肤过敏？

口罩的材料一般为无纺布或纤维材料，对皮肤不友好，容易刺激皮肤。此外，戴口罩会使口腔皮肤闷热不透气，对皮肤表面屏障功能造成损害，导致过敏或皮炎等症状。

解决方案如下：

（1）可在口罩内垫一层柔软亲肤的棉布，减少对皮肤的刺激。

（2）在确保防疫安全的同时，尽量减少口罩佩戴时间。例如，在公园等开放空间可以摘下口罩，让皮肤自由呼吸。

（3）选择舒缓、保湿的护肤品。

2 面部的痘印该如何消除？

如果痘痘还没有消退，就要紧急祛除痘印，可能会出现旧的痘印没有消除，又增加新的痘印，痘痘反复发生，真是“剪不断，理还乱”，这会严重影响去除痘印的信心。在去除痘印之前，有必要对它们有一个详细的了解。根据痘痘消失后留下的各种痕迹：红色、黑色、凹凸不平的坑等，痘印可分为 3 种常见的类型。

1）较为严重的是凹痘坑或者增生型的凸痘疤（痘疤）

这类痘疤痕属于深层真皮损伤，多是由严重的痘痘炎症或不当挤压痘痘引起的，处理起来非常困难，最稳妥的方式就是去医美机构治疗。

2）红色痘印

红色痘印是由原来出现痘痘处的细胞发炎而导致，细胞发炎可引起血管扩张，从而产生痘印。痘痘消退后，炎症并没有完全消退，血管并没有立即收缩到原来的状态，还会出现局部的炎症和充血，形成暂时的红痕。在运动或炎热的环境中，随着皮肤温度的升高，这种情况会变得更加明显。这种类型的痘印相对温和，会随着皮肤的新陈代谢逐渐消失，从 1 ~ 2 周到 3 个多月不等。在护理期间，重要的是要采取防晒措施，防止黑色素沉积从红色痘印变成黑色痘印。

3）黑色素异常沉积引起的黑色痘印

黑色痘印是痤疮发炎后黑色素的沉积，在痤疮部位留下黑色或棕色。它也会随着皮肤的新陈代谢而逐渐褪色，平均半年左右就会自动消失。然而，由于每个人体质不同、生理状况存在差异，有些人痘印淡化的时间比大多数人久，可能需要一年，甚至两年。心急的人可以涂抹一些淡化黑色素的药膏，杜鹃花酸、果酸或左旋维生素 C，或接受果酸护肤，染料激光、脉冲光治疗，维生素 C 导入可加速色斑消失。淡化或去除黑色痘印的难度取决于黑色素沉积区域的深浅，去除真皮层以上的痘印比较容易。如果黑色素沉积的部位在真皮层以下，甚至皮下组织，药物成分很难顺利到达。依靠皮肤本身缓慢的新陈代谢速度，新陈代谢时间会成倍增加，而且炎症和紫外线辐射会加剧黑色素的产生，所以对于这类痘印要注意抗炎和防晒。

3

祛痘偏方可信吗?

如今的互联网上充斥着很多祛痘偏方，如牙膏祛痘、茶叶祛痘、砂糖去角质等，有很多人迷信这些偏方。但事实上，这些民间偏方并不那么可靠。

（1）牙膏祛痘：牙膏中含有一定的抗菌成分，理论上可以杀死引起痘痘的细菌，达到清除痘痘的效果。然而，牙膏中还含有大量的香精、色素、防腐剂和漂白剂，用在皮肤上很容易损伤角质层，并使皮肤变得敏感。

（2）茶叶水洗脸祛痘：茶叶水对去油脂有一定作用，但它只能暂时稀释皮肤表面的油脂，并不能去除堵塞毛孔深处的油脂。此外，茶水放置时间过长会滋生细菌，用茶水洗脸容易引起细菌感染，出现更多皮肤问题。与其迷信这种民间配方，不如选择一款清洁力强的洗面奶（如清爽洁面啫喱），每天早晚两次洗脸，每次按摩 2 ~ 3 分钟，就能够充分去除脸上的油污。使用清爽爽肤水湿润化妆棉，均匀按压于面部，可以在补充水分的同时二次清洁毛孔。

（3）砂糖搓脸去角质：很多人认为，用砂糖、盐等较大颗粒物摩擦脸部，可以去除脸上的角质，减少污垢堆积，还可避免毛孔堵塞生成痘痘。但用砂糖或盐等颗粒摩擦面部，本身就是一种物理摩擦刺激，即使完全溶解，也会对皮肤产生冲击，甚至破坏皮肤屏障，结果往往得不偿失。

4

用蜂胶、牙膏、新鲜的芦荟祛痘，这样做安全吗?

脸上长痘的原因有很多种，选择正确的护理方法和内部调整非常重要。盲目跟风不仅可能毫无效果，而且还会加剧痘痘的恶化。那么，用蜂胶、牙膏、新鲜芦荟祛痘痘，到底有没有效果呢?

（1）蜂胶保健品具有免疫调节功能，能增强机体抵抗力，口服效果良好。从化妆品的角度来看，服用蜂胶可以消除炎症，促进受损组织再生，调节内分泌功能，改善血液循环，在改善体质的基础上，还可以分解色斑，减少皱纹。此外，蜂胶是一种天然抗氧化剂，可以消除自由基，增强细胞活力。然而，蜂胶作为保健品，一般只用于口服，局部祛痘的说法是没有根据的。此外，蜂胶含有少量的天然激素，甚至可能刺激皮肤，从而让痘痘恶化。

（2）牙膏中的一些成分确实有消炎作用，可以缓解疼痛，使脸上的粉刺加速干枯。但弊大于利，毕竟牙膏是一种牙齿清洁剂而不是护肤品，所以把它涂在皮肤上可能会留下红斑，导致皮肤干燥和脱皮。此外，如果使用含氟牙膏，也会对皮肤产生非常大的刺激，导致角质层变厚。如果增厚的角质层不脱落，会导致毛孔堵塞，形成痘痘。

（3）芦荟虽然含有丰富的天然维生素、矿物质元素、氨基酸等，对收缩毛孔、改善皮肤疤痕、治疗痘痘等都会有一定的作用，但是，如果将芦荟汁直接涂抹在脸上，可能会导致毛孔堵塞、皮肤过敏和发红。此外，有些芦荟如果直接食用可能会引起中毒，甚至危及生命。因为如果芦荟叶与芦荟凝胶之间的黄色汁液，即“大黄素”（芦荟泻剂）没有清洗干净，很容易引起恶心、呕吐、腹泻等症状。只有通过生物工程方法进行专业提取、筛选、脱敏的芦荟产品才能正常使用。

5

雀斑为何经治疗消退后又出现?

有很多雀斑人士治疗雀斑很多次，但过一段时间，都又出现了。

下面，按目前治疗雀斑的方法，分析一下去雀斑反复出现的原因。

第一，口服药去雀斑。有很多人认为，雀斑是内分泌失调引起的，所以就选择了口服药去雀斑方法！但雀斑是遗传的，是基因决定的，就像人的单眼皮或双眼皮，高鼻梁或矮鼻梁，口服药是没有什么作用的！

第二，化妆品去雀斑。化妆品中有抑制络氨酸酶活性的成分，让黑色素细胞减少黑色素的分泌，从而起到淡化雀斑的作用！但不会减少雀斑的个数，所以不用化妆品后雀斑又回来了！

第三，激光治疗雀斑。激光是一个点一个点地治疗雀斑，对于我们肉眼就能清楚可见的雀斑可以去掉！但对于看不清楚的模糊雀斑，以及没有长出来的雀斑就去不掉。模糊雀斑经太阳一晒，变得清晰了；没有长出来的雀斑还不断地在往外长，所以人们就认为雀斑“反弹”了！

第四，光子嫩肤治疗雀斑。光子也叫采光或 E 光，是利用激光束照射面部雀斑，让激光束吸收雀斑的颜色，再加上光子嫩肤热量使表皮角质层脱落，来达到淡化雀斑的作用！光子嫩肤治疗雀斑也只是淡化雀斑，以后一见太阳自然也就会复发了！

第五，色素提取法。色素提取法是一种如药水点、冷冻、电针等按点治疗雀斑的方法，这些方法对清晰的雀斑无疑可以去掉一部分，但对没有长出来的雀斑则束手无策，所以没有长出来的雀斑，还要不断地往外长，大家就以为雀斑复发反弹了！

第六，整脸分离雀斑技术。整脸分离雀斑技术是通过全脸无缝给药，一次性把没有长出来的雀斑和长出来的雀斑，都分离到皮肤表面，然后自然脱落的原理，达到彻底去除雀斑不反弹复发的目的！

6

长期服用维生素可以祛斑吗？

在回答这个问题之前，先要了解皮肤斑点形成的原因。通常来说，皮肤长斑有两大原因，即内部因素和外部因素。

1）内部因素

（1）压力：当一个人处于压力之下时，人体会分泌肾上腺素来应对压力。如果长期受到压力，人体内的新陈代谢平衡就会被打乱，皮肤所需的营养供应就会变慢，色素母细胞就会变得非常活跃。

（2）雌激素分泌失调：怀孕期间增加的雌激素，让女性在怀孕 4 ~ 5 个月时容易出现斑点，但此时出现的斑点大部分会在分娩后消失。然而，新陈代谢异常、皮肤暴露于强烈的紫外线下及精神压力都可能导致斑点加深。有时分娩后新出现的斑点可能不会消失，所以需要多加注意。

（3）代谢缓慢：当肝脏代谢功能异常或卵巢功能下降时，也可能出现斑块。由于新陈代谢不顺畅或内分泌紊乱，身体处于敏感状态，加剧了色素问题。便秘也会形成斑点，这其实是由内分泌失调导致过敏体质所形成。当身体处于异常状态时，紫外线的照射也会加速斑点的形成。

（4）错误使用化妆品：使用不适合自己皮肤的化妆品会导致皮肤过敏，在治疗过程中，如果过度暴露在紫外线下，皮肤会在发炎区域积累黑色素，以抵抗外界的伤害，从而导致色素沉着。

2）外部因素

（1）紫外线：当人体受到紫外线辐射时，会在皮肤基底层产生大量的麦拉宁色素来保护皮肤。所以为了避免皮肤在敏感部位聚集更多色素，经常暴露在强烈的阳光下，不仅会促使皮肤老化，还会导致黑斑、雀斑等色素沉着皮肤病。

（2）不良的清洁习惯：不科学的清洁习惯容易使皮肤敏感，还容易刺激到皮肤。当皮肤敏感时，为了保护皮肤，人体内的黑色素细胞会分泌大量的麦拉宁色素，当色素过剩时就会导致色素沉着，从而出现斑点。

（3）遗传基因：如果父母长斑，那孩子长斑的可能性就非常高，这种情况在一定程度上可以确定为遗传基因的作用。

通过对皮肤斑块成因的分析可以看出，皮肤斑块与维生素的关系不大，但维生素 E 具有较强的抗氧化功能：可以保护机体免受体内活性氧的损伤，防止衰老。还可以预防和治疗紫外线对皮肤造成的损伤，保持皮肤弹性，减少皱纹，治疗黄褐斑、炎症后色素沉着、老年斑等。与维生素 C 一起服用，还能发挥更强的抗氧化功能，如促进血液循环，调节皮肤代谢，延缓皮肤衰老，从而达到减少色斑的效果。然而，因为天然维生素 E 是有毒的，所以过量摄入会导致视力模糊、头痛、疲劳及凝血机制受损。

7

祛除黑头的方法有哪些?

黑头也是痤疮的一种，其产生的原因自然离不开油脂过多、堵塞、细菌、炎症四大因素。当然，表面的黑色与油脂的氧化及沾染的灰尘有关。从皮肤里出来的油，我们通常称其为皮脂。它的存在不仅会给我们的皮肤带来麻烦，还会因其覆盖在皮肤表面，为皮质提供天然的保护。比如，抵御外界微生物的入侵，减少皮肤水分流失等。当皮脂腺在分泌皮脂过程中受到一些异常量激素的刺激后，分泌的皮脂会增多，皮脂在排出的过程中由于量变大了，出口又小，会再次和各种杂质结合，形成皮脂栓堵塞出口。出口被堵塞之后，毛囊内的痤疮丙酸杆菌将这些皮肤作为食物，迅速繁殖，从而导致皮肤产生炎症。即使我们的皮肤表面没有发红的迹象，炎症已经存在于皮肤深处，尤其是毛囊周围。如何解决这个问题?

1）抑制皮脂分泌

维生素 B_6：可以抑制以葡萄糖为底物合成脂质的反应。

抗氧化类：多酚类、补骨脂酚、番茄红素、核黄素、虾青素等通过抑制 5α－还原酶，可以起到一定控油的作用。

内分泌调节：如果去医院检查了 6 种性激素，被医生诊断为高雄激素血症等内分泌紊乱导致面部油腻，脸上痘痘不断，可以在医生的指导下，通过调节内分泌，达到雌激素和雄激素的平衡，将皮肤状况调整至正常。

其他因素：饮食、睡眠时间和情绪也不容忽视。保持良好的生活习惯和积极乐观的态度也会加速症状的好转。

2）清洁和分解多余的面部油脂

（1）正确清洁：选择清洁力强且温和的洁面产品，做好面部清洁工作。

（2）预防油脂堆积：油垢在脸上的堆积就像垃圾在地上一

样。如果环卫工人及时清洁，就会减少垃圾的存在。因此，当皮脂腺分泌大量油脂并在皮肤上积累时，需要及时清洁和分解多余的油脂。这个时候，选择具有控油、补水、分解油脂功能的产品，可以起到分解油脂，防止毛孔堵塞的效果。

8

黑头贴、黑头导出液、磨砂膏、清洁泥膜、甲硝唑真的可以去除黑头吗?

黑头贴、黑头导出液、磨砂膏、清洁泥膜、甲硝唑是常见的几种去黑头产品，下面，我们逐一来分析它们的功效。

1）黑头贴

黑头贴对于皮肤而言，就像“强力胶”一样，它能把鼻头部位的角栓粘出来。

优点：鼻贴和撕拉面膜属于快速去除黑头的方式，拿鼻贴来说，使用过后可以明显看到鼻贴上的黑头角栓，很多明显的黑头会被粘出来。

缺点：揭开时非常疼；使用后，鼻子变红，小的黑头仍然有残存。

2）黑头导出液

黑头导出液的原理是通过果酸达到去除角质、软化毛孔内角栓的目的，当角栓变软之后，只要稍微施加一些外力，就能比较轻松地把黑头挤出来。

优点：使用方便，敷 15 分钟就会出现黑头。

缺点：有刺激性，使用时会引起疼痛。效果因人而异，一段时间后，黑头又恢复到原来的状态。另外，黑头导出液还有一种副作用，它含有的酸性成分对皮肤有伤害，可能导致脱皮。

3）磨砂膏

使用磨砂膏是一种相对简单粗暴的方法，通过它将鼻子部位的角质磨掉几层，导致黑头相对高于表皮，摩擦过程达到去除黑头的目的。

优点：使用后皮肤光滑，使用方便。

缺点：效果不明显，与其他去黑头方法相比几乎无效。另外，它的副作用是容易损伤表皮，导致鼻头脱皮发红。

4）清洁泥膜

清洁泥膜的作用是利用产品中的一些矿物质粉来吸收油脂和水分，所以用后皮肤会显得很干净。然而，皮脂腺持续分泌油脂，使油脂很快再次堵塞毛孔，所以只是暂时的效果，并不能解决根本问题。

5）甲硝唑

甲硝唑为处方药，抗生素，主要用于治疗或预防厌氧菌引起的全身或局部感染。甲硝唑等抗生素不能随便涂在脸上，应在医生指导下使用。所以甲硝唑不能去除黑头，如果滥用可能会导致皮肤的微生物群失衡。

9

皮肤受伤后如何处理才能不留印记和瘢痕呢?

1）为什么会出现瘢痕和色素沉着?

当人体皮肤的真皮层受损后有可能出现瘢痕，如果伤浅，瘢痕就不会出现。尖锐的割伤、烧伤、耳洞、手术、接种疫苗和其他行为都会留下瘢痕。

瘢痕疙瘩和增生性瘢痕都属于机体对皮肤真皮层损伤的过度组织反应，即修复过程过于激烈，某一部位的成纤维细胞和胶原蛋白产生过多，会导致新的疤痕“跳上皮肤”。

瘢痕疙瘩和增生性瘢痕都表现为组织增生，也就是皮肤会凸出。前者相对肿胀，会生长到其他未受损的部位去，且会随着时间的推移而增大；后者只在受损区域活跃，随着时间的推移会逐渐萎缩。

2）如何防止瘢痕的形成?

形成瘢痕的因素主要有两个，即炎症和创伤。对于有瘢痕疙瘩或增生性瘢痕史的人，要注意以下几点：

（1）尽量避免在耳朵或身体其他部位穿孔。

（2）避免进行除痣手术。

（3）建议尽快治疗痤疮、伤口、感染和其他情况，以尽量减少炎症区域。

那么，一旦受伤，应该如何处理?

（1）正确处理伤口，及时清创、消毒、缝合处理。

（2）控制炎症和感染，避免局部炎症和感染进一步加重，导致伤口愈合时间延长，瘢痕形成风险增加。

（3）避免留下瘢痕，尽量不要刺激伤口，导致增生。

（4）在伤口愈合的早期阶段保持水分和覆盖可以加速伤口愈合，并可能减少瘢痕的形成，因此，可以选择外用湿润剂。

（5）涂抹湿润剂后，用干燥的绷带或纱布盖住伤口，防止抠抓。

（6）伤口愈合后色素过多是常见的，紫外线辐射会使这种情况恶化。因此，有必要做硬性防晒（物理遮挡）或在愈合区域涂抹防晒霜。

10

激素脸是怎么形成的？

激素脸在医学上称为面部激素依赖性皮炎，它是皮肤表面因长期外用含有激素的产品，逐渐形成一种发于面部的依赖性皮炎。

激素脸的病因如下：

（1）适应证选择错误。皮质类固醇激素具有抑制免疫反应的抗过敏作用。患者使用后，可减轻充血和水肿，暂时缓解和消退皮肤损伤引起的瘙痒和某些炎症。人们往往被这种错觉迷惑，再加上误导性的广告，许多人对激素的适用范围和不良反应缺乏了解，导致长期滥用，造成不良后果。

（2）药物品种选择不当。由于使用者缺乏专业知识，皮质类固醇激素强效制剂使用不当，很容易引发皮肤萎缩等一系列副作用。

（3）用药时间太久。短期外用皮质类固醇可引起表皮萎缩，它能抑制真皮胶原蛋白的合成，如果长期使用能引发副作用。有实验表明，长期使用此类药物会导致皮肤屏障功能减弱，对药物的使用量增大，形成恶性循环，最终引起病情恶化。

（4）美容市场混乱，美容化妆品滥用。随着美容行业的快速发展和美容院间激烈的竞争，一些美容院为了吸引消费者，会在护肤美白化妆品中加入激素，欺骗消费者，使许多渴望美容护肤的消费者在长期使用其所谓的“特效护肤美白化妆品”后产生依赖，进而导致激素依赖型皮炎。

CHAPTER 7

你的皮肤“生病”了，应该怎么办

1

哪些皮肤病属于季节性皮肤病，常在哪些季节发生？

由花粉引起的季节性复发的疾病是一种接触性皮炎，多见于女性，多发生在春季和秋季，主要表现为各种类型的皮炎、湿疹、荨麻疹等。临床表现为季节性突发，皮疹多局限于面部和颈部，表现为轻度红斑、水肿，微隆起或伴有少量米粒大小的红色丘疹；有的可表现为眼周或颈部红斑，无明显水肿；有些人也可能有湿疹样的改变。对于轻度苔藓化皮疹患者，有时会伴有糠皮样鳞屑，通常伴有瘙痒，每年反复发生，可自行消退。本病的病因与化妆品、光刺激、灰尘、花粉等有关。当空气中的灰尘、花粉等，经由涂抹化妆品而附着在皮肤上，再因阳光刺激、局部 pH 发生改变、皮肤温度升高等，使人体更容易发生变应原反应。

常见的季节性皮肤病有以下几类。

夏季皮炎：这是一种季节性皮肤病，常发生在夏季，并在凉爽的秋季消失。病症在夏季容易反复性发作，常发生在四肢伸侧面，甚至延伸到全身，多呈对称性发作。在背部、上肢和小腿的延伸侧，可能会出现针尖到米粒大小的密集的红色斑点，或者小丘疹、丘疱疹、皮肤温度升高。由于难以忍受的瘙痒而引起的抓挠会导致许多划痕出现，血痂和浅棕色色素沉着。

痱子：这是夏季最为常见的一种皮肤病，婴幼儿多见。痱子可发生在除手掌和脚底以外的所有部位，常发生在皮肤皱襞和容易出汗的摩擦部位，如头皮、前额、颈部、胸部、臀部、肘弯等。

冻疮：在中国通常发生在冬季和早春，长江流域比北方更常见。因为长江流域冬季的气候虽然比北方高，但相对潮湿，防寒措施不如北方地区，尤其儿童的防寒措施相对不够重视，所以患冻疮者非常多。在冻疮中，有两种在过去战争时期容易出现，即战壕足和浸渍足，前者是长时间站在 1 ~ 10 摄氏度的壕沟中造成的，后者是站在冷水中造成的，这两种类型的冻伤可能发生在施工、水田劳动等情况下。

手足皲裂：此病是冬季常见的皮肤病，由频繁的机械性或化学性刺激引起，导致皮肤弹性降低，干燥。

2

真菌类皮肤病有哪些？

真菌性皮肤病是指由真菌引起的人体皮肤、黏膜、毛发及甲类皮肤附属物的浅表感染性疾病。临床上常表现为水疱鳞屑型外观。这类疾病的共同特点是：发病率高、传染性强、易复发或再感染。

真菌类皮肤病的损伤主要局限于一侧。最初，出现小水疱，水疱液体干涸后会有脱屑现象，范围逐渐扩大。随着时间的推移，去皮部位的皮肤变得粗糙和增厚，皮肤线条变宽，失去正常的光泽，触摸时有粗糙的砂感。常见的真菌性皮肤病包括头癣、手足癣、股癣和花斑癣。

1）头癣

头癣是由皮肤癣菌引起的头皮、头发、毛囊感染，可分为黄癣、白癣、黑点癣等。黄癣，民间俗称瘌痢头、癞子、秃疮，其特点是碟形黄癣结痂，带有鼠臭味，容易形成永久性脱发。白癣的皮损为圆形或不规则形状的灰白色鳞屑斑，病发根部伴有白色的菌鞘包绕，容易断裂。黑点癣的皮损初为散在的鳞屑性灰白色斑，以后逐渐扩大成片，黑点癣又叫毛癣菌头癣，主要是由断发毛癣菌和紫色毛癣菌引起，有些患者可能有局灶性永久性脱发。

2）手足癣、股癣、体癣

手足癣的特征是脱皮、瘙痒、糜烂、局部发红、肿胀、疼痛等，它是由指（趾）间及掌（跖）皮肤继发细菌感染导致的。股癣一般是由足癣或手癣的自身传播引起的，皮损常呈不规则或弧形，有苔藓样变或急性、亚急性湿疹样变化，易发生细菌感染；此类患者一般会感觉到剧烈瘙痒。体癣皮疹的最初外观是红斑或丘疹，然后扩散成环形，有些人会产生新的皮疹，不断向外扩散，形成同心环，引起瘙痒，可并发细菌感染。

3）其他类型的真菌性皮肤病

真菌性皮肤病除了前面提到的那些外，还有很多其他类型的病症。比如，发生在指甲区域的真菌性皮肤病，通常被称为“灰指甲”，其表现为指甲的颜色和形状异常。湿疹样型癣菌疹的特点是手掌和指尖上产生散在或聚集的深水疱，疱壁不易破裂，患者感到极其瘙痒和难以忍受。夏天出汗过多，可能由花斑癣菌引发花斑癣，俗称“汗斑”，皮损为斑疹，表面有微量的糠疹鳞屑。

3

什么是湿疹，如何治疗与预防？

湿疹是一种常见的炎症性皮肤病，由表皮和真皮层浅层的各种内外因素引起，一般认为与过敏反应有关。其临床表现以对称性、渗出性、瘙痒性、多形性和复发性为主要特征。它也是一种过敏性炎症性皮肤病，其特征是皮疹的多样和对称分布，反复发作的严重瘙痒，易演变成慢性疾病。它可以发生在任何年龄、任何部位、任何季节，但在冬季有复发或加剧渗出倾向，是一种慢性病，并容易反复发作。

湿疹的治疗：湿疹的病因复杂，治疗后仍容易反复发作，难以根治。由于其具有独特的临床形态和位置，所以用药也是因人而异。

1）一般预防和控制原则

寻找可能的触发因素，如工作环境、生活习惯、饮食、爱好、个人情绪，以及是否有慢性病变和内脏器官疾病的存在。

2）内部治疗

选择抗组胺药来缓解瘙痒，必要时，可两种药物配合使用或交替使用。泛发性湿疹可用口服或注射糖皮质激素治疗，但不宜长期使用。

3）外部治疗

根据皮肤病变的情况选择合适的剂型和药物。急性湿疹用局部生理盐水、3% 硼酸或 1 ∶ 2000 ～ 1 ∶ 10 000 高锰酸钾溶液冲洗、湿敷，用炉甘石洗剂收敛和保护。对于亚急性和慢性湿疹，应使用适当的糖皮质激素乳膏、焦油类制剂或免疫调节剂，如他克莫司软膏和吡美莫司软膏，对继发性感染添加抗生素制剂。

湿疹的预防应注意以下几点。

（1）避免自身潜在的诱发因素。

（2）避免各种外部刺激，如热水烫伤，过度抓挠、清洁以及接触潜在敏感物质（如毛皮制剂）。尽量减少接触化学产品，如肥皂、洗衣粉和洗涤剂等。

（3）避免可能引起过敏和刺激性的食物，如辣椒、浓茶、咖啡和酒精。

（4）在专业医生的指导下用药。

4

出现皮肤疼痛症状的疾病有哪些，如何诊断？

除了引起瘙痒外，许多皮肤病还会引起皮肤疼痛。引起皮肤疼痛的主要疾病有以下几种。

1）带状疱疹

带状疱疹是临床常见的病毒性感染性皮肤病，以单侧分布的红斑、水疱和剧烈疼痛为主要特征。

带状疱疹的诊断比较容易，皮肤出现典型的相关症状和疼痛即可诊断。但对于部分顿挫型带状疱疹而言，有些患者的皮肤并没有表现出疼痛，有些患者则只有疼痛却没有水疱，所以在诊断的时候要注意鉴别。

一般来说，该病症中的皮疹在 10 天左右可以消退，但疼痛则可能持续很长时间。

2）冻疮

冻疮主要发生在手、脚、耳郭等暴露部位，初期表现为苍白、麻木，接着开始出现水肿或青紫，此时可能出现明显的疼痛，受热时可能出现瘙痒。

3）鸡眼

疼痛发生在脚和鞋底之间的接触点，以及脚趾的压缩和摩擦区域。疼痛区域可能有角质增生，其尺寸如蚕豆大小。

4）手脚干裂

手脚干裂主要发生在冬季，皮肤因干燥而变得粗糙，弹性下降，出现裂缝，愈合缓慢，有时可到达真皮层，引起剧烈疼痛。此外，一些有汗疱疹的患者在夏季可能会出现手掌脱皮，并最终发展为开裂。

5）丹毒与蜂窝织炎

丹毒与蜂窝织炎典型症状为发红、肿胀、发热和疼痛，特别是在小腿、足背和面部。

6）毒虫叮咬

关于毒虫叮咬的感受，在这里就不多介绍了，相信很多人都有过亲身经历。

7）结节性血管炎

本病属于自身免疫性疾病，常发生于下肢，以疼痛性红斑和皮下结节为特征。

8）白塞综合征

白塞综合征属于自身免疫性疾病，除表现为结节性血管炎外，还可包括口腔溃疡、角膜炎等。

9）红斑肢痛症

这是一种相对罕见的皮肤病，表现为阵发性发红，皮肤温度升高，在温暖的环境中四肢疼痛。病症呈阵发性疼痛，有强烈的灼痛和针灸感，夜间疼痛明显。

以上是皮肤科常见的一些具有典型痛感的皮肤病。虽然所有病例都有疼痛，但不同疾病的治疗重点不同，缓解疼痛的方法也不同。

5

什么是毛囊角化症，如何治疗？

毛囊角化症又称假性毛囊角化不良病。1889 年，该病首次由达里埃（Darier）命名，所以人们又将其称为达里埃病。该病是一种以表皮细胞角化不良为基本病理变化的慢性角质化皮肤病。由于皮肤病变倾向于融合和增殖，它也被称为增殖性毛囊角化病和增殖性毛囊角化不良病。它是一种由遗传引起的毛囊角化异常的皮肤病，该病症通常在儿童至青春期皮肤干燥的群体中发病率最高。之后，皮疹会随着年龄的增长而逐渐消退。

那么，毛囊角化症如何治疗呢？

患者应避免暴露在烈日下。轻度患者不需要治疗，可以局部使用润滑剂和维 A 酸制剂。严重的病例可以系统地使用维 A 酸治疗。

治疗时主要使用含有维 A 酸、果酸、乳酸等成分的产品，通过保养来达到改善的效果；所谓“保养”，是指产品不会立即见效，需要持之以恒。此外，还要保持适当的湿度和避免对患处过度刺激。

在治疗中，单纯使用保湿剂是无效的。如果病灶周围出现炎症，通常使用效果较弱的类固醇软膏来控制炎症。一旦皮炎得到控制，就不需要再使用类固醇软膏了。对于角化病变的治疗，可使用水杨酸软膏，或含有尿素、乳酸的软膏进行治疗，或应用果酸来帮助去角质，或使用外用的维 A 酸软膏进行治疗。需要注意的是，这些治疗方法通常需要几个月的时间才能看到明显的改善，因此患者的治疗非常重要。

由于毛孔角化是一种与角质有关的疾病，所以大多的治疗是选择去角质药膏，如维 A 酸、果酸、水杨酸、尿素。

维 A 酸的作用比较深入，可以直接影响细胞核，去除异常角化。长期使用可达到一定的治疗效果。此外，尿素具有保水功能，对去除角质有一定的作用，它也是临床常用的外用药物。

然而，角质的生成有一定的周期，通常是一个月。但这些治疗方法都是“治标不治本”，因为人体先天的基因无法被改变，所以新生的角质还是会有毛孔角化的现象。对于大多数患者来说，一个月左右就已恢复到原来的样子。这是患者在治疗前必须了解的。

6

酒糟鼻的发病原因、临床表现及治疗方法是什么？

酒糟鼻学名为玫瑰痤疮，是一种慢性炎症性皮肤病，主要发生在面部。

关于酒糟鼻的发病原因，目前一般医学书籍认为主要是螨虫感染，所以又称螨虫性皮炎。因此，酒糟鼻的治疗主要涉及杀螨，并外用硫黄软膏、甲硝唑软膏、口服甲硝唑、替硝唑等杀螨药物。多年的临床观察证实，这种疗法对酒糟鼻的治疗效果很差。这也间接表明，酒糟鼻的病因不仅仅是单纯的螨虫感染，也可能是油性皮肤引起的。

常见的引起酒糟鼻的原因有以下几种。

（1）嗜烟、嗜酒及喜食辛辣刺激性食物；

（2）胃肠功能紊乱，如消化不良、习惯性便秘等；

（3）有心血管疾患及内分泌障碍；

（4）有鼻腔内疾病或体内其他部位有感染病灶；

（5）蠕行螨致病。

酒糟鼻的临床表现：此病多见于30～50岁的中年人，女性患者明显多于男性患者。然而，男性患者病情更为严重，皮肤病变常发生在面部中心，且呈对称性分布。常见于鼻子、脸颊、眉毛和下巴。主要症状包括鼻子潮红、表面油亮、持续瘙痒、灼烧和疼痛。在早期，鼻子上出现红色的小丘疹、丘疹和脓疱。鼻内毛细血管严重充血，肉眼可见明显的毛细血管树突状分支。最终鼻部出现大小不一、增生不均匀的结节，引起鼻部不适和肥大，严重影响患者美观。

酒糟鼻的治疗和预防方法如下。

（1）忌食辛辣、酒类等辛热刺激物。

（2）保持大便通畅。肺与大肠相为表里，大便不通，肺火更旺。

（3）不宜在高温、湿热的环境中长期生活或工作。

（4）平时经常用温水肥皂洗涤。

（5）禁止在鼻子病变区抓、搔、剥及挤压。

（6）禁用有刺激性的化妆品。

（7）每次敷药前，先用温水洗脸，洗后用干毛巾吸干水迹。

7

什么是腋臭，如何治疗？

腋臭通常来自患者腋窝、口角等部位的大汗腺（又称顶浆腺）排泄的汗液，这类患者排泄的汗液脂肪酸比普通人高，呈淡黄色，比较浓稠。当脂肪酸达到一定浓度后，经皮肤表面的细菌，主要是葡萄球菌的分解，能产生不饱和脂肪酸而发出臭味，这种味道由于和狐狸肛门排出的气味相似，故又被称为狐臭。

对于腋臭一直缺乏客观诊断和疗效判定方法，下面介绍Park和Shin分级。

0级：没有气味。

1级：仅在体力劳动后有轻微气味。

2级：距离腋部1米内有轻微气味。

3级：距离腋部1米外可闻及气味。

那么，腋臭有哪些常见的治疗方法呢？

腋臭的治疗方法一般分为非手术治疗和手术治疗两大类，具体如下：

（1）非手术治疗包括药物治疗和物理治疗。药物治疗为：第一种是止汗剂，通过抑制汗液分泌来缓解和控制腋臭症状；第二种是除臭剂，通过抑制气味来改善症状；第三种是通过局部注射肉毒杆菌毒素来抑制汗液分泌，改善症状。物理疗法包括电解疗法、微波疗法、黄金微针疗法等。物理治疗的目的是关闭小汗腺的开口，抑制汗液分泌，缓解腋臭，改善腋臭。但是，这些方法都是治标不治本，不可能通过这种治疗变得一点异味也没有，只能缓解和改善腋臭。

（2）与非手术治疗相比，手术治疗对改善腋臭有更好的效果。最早的方法是切除整个汗腺，这种方法治疗腋窝汗臭更为彻底。缺点是伤口大，不仅影响美观，还可能引起瘢痕增生，影响术后局部功能。如今，手术治疗往往是微创的，通过切割或刮擦来破坏汗腺的小切口。还有一种手术方法是负压抽吸，利用小切口和负压抽吸来治疗和改善腋臭。腋臭的治疗方法因腋臭的程度和个人要求而有所不同。

8

皮肤血管瘤的发病原因是什么?

皮肤血管瘤起源于中胚层，是一种先天性毛细血管增生扩张引起的良性肿瘤。皮肤血管瘤多发生在出生时或出生后不久，并且在婴儿期生长迅速，少数人在童年或成年时开始出现症状。随着年龄的增长而增长，并在成年后停止发育。大多数病例涉及头颈部皮肤，但也可发生在黏膜、肝脏、腿和肌肉等处。在肿瘤生长过程中，可引起一些并发症，如遇外伤或感染时可引起出血或溃疡、动静脉瘘和血小板减少等。

9

怎么判断自己是否得了虫咬皮炎？如何处理呢？

虫咬皮炎是由昆虫叮咬或毒液刺激引起的皮肤炎症或过敏，通常表现为红色丘疹，伴有瘙痒或疼痛，有时伴有水肿性红斑、丘疹和水疱等。

引起虫咬皮炎的昆虫有很多，常见的如螨虫、蚊子、蠓（墨蚊）、臭虫、跳蚤、蚂蚁、甲虫、蜘蛛、蜈蚣等。夏秋两季昆虫活动猖獗，是虫咬性皮炎的高发期。通常表现为在被咬几分钟或几小时后出现红色丘疹，伴有瘙痒，并且在中央吸吮点可能出现水疱。虽然不同昆虫叮咬后表现出的症状有所差别，但有时难以区分，个体对昆虫叮咬的敏感性不同，反应程度也不同。以下是一些不同之处，可供大家参考。

螨虫：肉眼可见的小昆虫，在自然界中广泛存在，床是螨虫最容易繁殖的地方。螨性皮炎通常以水肿为特征，如丘疹、水疱或瘀斑，顶部有小水疱，常伴有划痕和结痂。

蚊子：室内和室外都有蚊子的踪影。人体表面的水分、温度、二氧化碳、雌激素、汗液中的乳酸都能吸引蚊子，鲜艳的衣服也能吸引蚊子。被咬后，常见的皮肤病变是绿豆大小的红色丘疹或海螺状丘疹，病变中心可见吸刺点，瘙痒。

蠓：俗称“黑蚊”或“小蚊”，多栖息于灌木、杂草、洞穴等地，白天、黎明或黄昏成群活动。被咬后的反应与蚊子的反应相似。

臭虫：白天躲在床、枕头、被褥、地板接缝等处，晚上爬到人的皮肤上吸血。被臭虫叮咬时，并不会感到疼痛，往往是在醒来后才发现内衣或床单上有血迹。被咬几小时后，可能会出现喘息性丘疹和瘙痒，中心有针头大小的瘀伤和水疱。通常 2 ~ 3 个皮损呈线性排列，多见于下肢和腰部。臭虫叮咬呈线性分布，叮咬后出现红色斑块。

跳蚤：最常见的叮人的跳蚤是猫蚤和狗蚤，所以在家里养宠物时要小心！跳蚤有很强的跳跃能力，可以从一个宿主跳到另一个宿主，一般停留数分钟至数小时，在吸血部位形成红色斑点丘疹，中心有出血点，皮肤病变常呈成组分布，常见于下肢和腰部。

为避免虫咬性皮炎，可采取以下预防措施：

（1）做好个人卫生，清洁地缝等角落，勤洗床单、被褥，勤晾晒；

（2）夜间关闭纱窗，外出穿防护服，避免在黄昏等蚊虫活动高峰期外出，避免接触草地、树木、池塘等；

（3）注意宠物身上是否有跳蚤等寄生虫，如果有应及时处理；

（4）如有跳蚤、臭虫、蚊子等迹象，可使用杀虫剂；

（5）当皮肤发痒时不要抓挠，因为抓挠会使水疱破裂，引起糜烂，容易导致继发感染；

（6）如果儿童被咬部位有持续传播和感染的趋势，请立即就医。

10

儿童口周皮炎与哪些因素有关，如何预防？

口周皮炎是一种由多种内外因素共同作用引起的过敏性皮肤病，更容易发生在干燥多风的季节。许多孩子喜欢用舌头舔嘴唇和嘴巴的各个部位。舌头和唾液的刺激会破坏皮肤的保护膜。皮脂膜的破坏和皮肤表面油脂的减少会导致皮肤变得非常干燥，甚至出现小的裂痕。随着时间的推移，炎症就会发生。炎症的反复发展会加速被舌头舔过的皮肤由红色变为深褐色，导致嘴角发红和口腔四周出现干燥发痒的症状，这就是儿童口周皮炎的典型症状。

口周皮炎是发生在口腔和下巴周围的红色丘疹，病因尚不清楚。目前普遍认为，长期外用含氟皮质激素制剂或过多使用含氟牙膏是常见诱因。

日常生活中可引起口周皮炎的因素有很多，主要是由于一些儿童偏爱油腻、油炸食品，以及营养不良、喂养不当、不爱吃新鲜蔬菜水果等因素，导致儿童缺乏微量元素和维生素。对于儿童口周皮炎的治疗，首先是确定病因，并及时到信誉良好的皮肤科医院寻求治疗，其次是纠正孩子的不良习惯，给他们补充维生素 B_2，使他们养成良好的生活方式，拥有一个健康快乐的童年。

11

手上的“倒刺”是什么原因导致的，如何预防和处理？

1）手上出现倒刺的原因

（1）皮肤太干了。如果你发现手上有很多倒刺，你需要知道这是否与皮肤过于干燥有关。许多人缺乏适当的皮肤护理，尤其是在干燥的秋冬季节没有适当使用护手霜，使手部皮肤过度干燥而形成倒刺。

（2）频繁抠手指。很多人在无聊的时候喜欢抠手指，不断抠手指很容易造成皮肤损伤，甚至形成刺。

2）如何处理手上的倒刺

（1）涂抹润肤产品。如果有倒刺，可以在倒刺出现的地方涂抹一些保湿霜，保持皮肤湿润，倒刺就会逐渐改善。否则，局部皮肤会变得干燥，倒刺的数量可能会增加，这也会对皮肤造成伤害。

（2）用指甲钳修剪倒刺。遇到手上的倒刺后，可以先用保湿霜滋润皮肤，使局部的倒刺软化，再用指甲钳处理。这样倒刺周围的皮肤不太可能被继续撕裂，并在毛刺的区域造成疼痛。这也是缓解毛刺出现时需要注意的问题，及时修剪有刺的皮肤组织可以尽快改善皮肤。

（3）使用创可贴保护。修复这些倒刺后，可能会有局部疼痛和发红。这时，可以使用创可贴来保护局部皮肤。使用创可贴后，通常可以避免损伤局部娇嫩皮肤。待皮肤组织完全修复后再取下创可贴，可避免局部刺激和疼痛。

CHAPTER 8

用好医疗美容，
为你的皮肤上个“保险”

1

一支水光针 =1000 张面膜？

“水光针”的有效成分，其实就是大家耳熟能详的玻尿酸。它以钠盐的形式天然地存在于人体之中，如皮肤、关节滑膜液、眼睛中，起到保湿、润滑等作用。

为了让大家直观理解“水光针”为何能让皮肤变得“水嫩”“有光泽”，我们先和大家一起普及一下皮肤结构的知识。皮肤从外到内可分为表皮、真皮层和皮下组织三层。表皮位于皮肤的最外层，主要起屏障作用；真皮位于表皮之下，由乳头层、乳头下层和网状层组成。

乳头层和乳头下层之间有大量的水分，当水分减少时，表皮层就会形成小皱纹。网状层由胶原纤维、弹性纤维等蛋白质纤维组成，可以使皮肤紧致、饱满、富有弹性。透明质酸是真皮层中的一种成分，可以吸收大约 1000 倍于自身重量的水分，具有很强的保水性。

随着年龄的不断增长，人的身体也会日渐衰老，透明质酸会不断流失，导致皮肤脱水，失去光泽。“水光针”利用负压原理，通过很多根细小的针头注射，人工将外源性透明质酸填充到真皮层。透明质酸注入真皮层后，能吸收周围组织的水分，使原本松弛凹陷的肌肤变得细嫩有光泽。因此，它被广泛应用于除皱、面部填充等医疗美容项目。

2

冷冻溶脂减肥真的有效果吗?

冷冻溶脂的过程可分为以下几个步骤。

（1）真空仪器能吸附一定区域的皮肤。

（2）在极低的温度（-11 ~ 5 摄氏度）下冷冻，让脂肪细胞死亡。

（3）如果该区域的皮肤产生炎症，应该在产生炎症后修复，治疗后的 2 ~ 4 个月，受损脂肪细胞被分解，达到减脂效果。

我们来看看美国 FDA 对冷冻溶脂的规定：FDA 批准用于治疗颏下区域、大腿、腹部、外侧腹部的可见脂肪突出，以及胸部脂肪、背部脂肪、臀部、上臂。理论上，冷冻脂肪溶解是有效的。那么，哪类群体更适合这种局部减脂方法呢?

（1）不能通过运动和控制饮食来减肥的人。

（2）局部脂肪过度累积和可见脂肪突出（多余的肉）的群体，虽然目前并未发现冷冻脂肪的长期副作用，但短期发红、瘀伤和局部麻木是常见的。

如果你能通过少吃多运动成功减肥，就不要尝试这种昂贵又痛苦的方法。在冷冻溶脂之后，这个部位的减脂效果并不是永久性的，因为我们的身体以两种方式储存了所有可以被吸收和储存的能量。

（1）糖原：身体只能储存少量的糖原，一旦用完，就需要使用另一种能量储备——脂肪。

（2）脂肪：这是身体储存能量的主要方式。你通过饮食摄入的过量葡萄糖（当天无法消耗的）会转化为脂肪，这些葡萄糖与直接摄入的油（脂肪）一起被运送到脂肪细胞储存。当身体需要它时，这些脂肪被提取并转化为能量。

发胖是因为每天吃得太多（能量摄入过高），运动太少（能量消耗太低），所以多余的能量以脂肪的形式储存在体内（变胖）。

冷冻溶脂确实减少了某一区域的脂肪细胞数量，也减少了该区域脂肪的堆积。然而，如果不控制你的饮食，每天摄入的能量的远高于消耗的能量，那么，脂肪会继续在身体里累积，仍然会变胖。所以，控制体重（减肥）的根本方法是管住嘴，迈开腿。

3

光子嫩肤安全吗，是否有效果？

“光子”是近年来美容医学领域的一个时尚话题。光子疗法的适应证不断扩大，还能有效治疗皮肤表面的色素沉着斑，改善皮肤质量，如增加弹性、光泽、光滑度，去除多余毛发。

光疗和传统的激光疗法有相同的原理，都是利用光产生的热效应来引起目标皮肤组织的反应和变化。但它们的物理性质有所不同：激光是波长单一的单色光，而光子是一种强脉冲光，是

500～1200 纳米范围内的彩色光。因此，在一些国家，光子疗法也被称为“彩光嫩肤”。因为它们有本质的区别，所以医疗效果也各有不同。

激光对患处的皮肤组织有一定的破坏作用，可用于治疗病变较深的皮肤疾病，如太田痣、文身等。光子是一种特定的宽光谱彩光，它可以穿透表皮，被皮肤组织中的色素团大量吸收。在不损伤正常皮肤的情况下，能使血管凝固，使色素团和色素细胞破裂分解，从而达到治疗毛细血管扩张和色素沉着的效果，这其实就是选择性光热解原理。此外，光子对皮肤组织产生光热和光化学作用，使皮肤深层的胶原蛋白和弹性纤维重新排列结合，恢复弹性。同时，还能增强血管弹性，改善血液循环。

这些效果的共同点是可以消除或减少面部皱纹，并且可以快速缩小毛孔，不会对表皮产生影响，更不会产生皮肤变薄等现象。与其他嫩肤方法相比，光子嫩肤更安全，疼痛更少，并且是一种无创手术，极少出现红斑、水疱和色素沉着等不良症状。

4

使用凡士林会导致皮肤产生粉刺吗？

凡士林是一种白色的油性半固体，没有太多的气味，涂在皮肤上感觉又油又黏，而且不溶于水，很难用水冲洗。

从化学的角度来看，凡士林是从石油中提取的各种烷烃的混合物。它自身存在惰性，使得它不容易与其他物质发生反应。因此，凡士林易保存，不易变质，不易滋生细菌等微生物，刺激性弱，广泛应用于护肤品中。

凡士林最大的功能是阻隔和保湿，涂抹在皮肤上就会形成一层密封油膜，锁住水分。为了防止皮肤水分的快速蒸发，我们的身体有自己的保湿系统，这就是我们皮肤上的皮脂。皮脂腺分泌皮脂，并将其均匀地分布在皮肤表面，形成一层皮脂膜，以防止水分迅速蒸发。

然而，现代女性大多喜欢去油、去角质，不可避免地使用大量美容类产品，而这些产品使用不当又会伤害到我们的皮肤。很多美容类产品会导致皮脂迅速流失，严重的情况下，会损害皮肤屏障。此时，水分蒸发的速度加快，皮肤变得非常干燥。因此，需要将外油涂抹在皮肤表面，以取代天然皮脂的作用，形成一层新的外油膜，密封皮肤，防止水分蒸发。

敏感皮肤属于受损的“保鲜膜”类型。当皮肤敏感时，皮肤对外界的防御能力就会下降，此时不要使用过多的护肤品和化妆品，因为化学成分会进入皮肤并引起刺激。而凡士林是一种特别稳定的化学成分，能有效隔离灰尘、细菌等微生物，保水能力强。此外，它不被皮肤吸收。因此凡士林是敏感肌肤的最佳选择。但是油性皮肤不要使用。这并不是凡士林的问题，而是油的问题。油性皮肤本身就会分泌大量的油脂，如果再在脸上涂一层油，那就不仅不会保护皮肤，还会伤害到皮肤了。

5

激素药膏对皮肤的利弊？

糖皮质激素软膏是指皮肤科临床常用的治疗湿疹、皮炎的一种外用糖皮质激素，如肤轻松（丙酮化氟新龙）、皮炎平、恩肤霜（丙酸氯倍他索软膏）等。这种药有抗过敏、消炎、止疹、止痒等作用。由于其良好的疗效和广泛的应用，自问世以来一直被视为治疗皮肤病的灵丹妙药。其实，就像任何事物都有利弊一样，糖皮质激素软膏也不是万能的，使用不当也会产生副作用，如果滥用还会给皮肤带来意想不到的伤害。

由化脓性细菌引起的毛囊炎、脓疱、疖肿在使用糖皮质激素时，可导致脓疱增多，炎症加重；病毒性皮肤病，如单纯疱疹和带状疱疹，当局部使用皮质类固醇软膏时，也会出现皮疹扩散和病情恶化；对于慢性溃疡患者，如果外用糖皮质激素软膏，会导致溃疡表面肿大、加深，长期不愈合；此外，年轻人脸上的痘痘，如果长期使用此类软膏，会引起皮肤松弛和炎症，从而导致皮肤表面菌群失衡，让丙酸杆菌和一些化脓性细菌迅速繁殖，从而加剧痘痘的状况。

长期使用糖皮质激素软膏还会给皮肤带来一系列变化，如表皮组织变薄，皮肤弹性减弱，皮肤纹路消失，皮肤色素沉着异常（表现为色素沉着或斑点等低色素沉着）。它也可以表现为局部多毛、干燥或鱼鳞病。这一系列变化在面部药物使用者中尤其明显，特别是女性，她们面部的皮肤较薄，容易出现不良反应。上述不良反应一旦发生，短期内很难改变，有些症状甚至可能不可逆。因此，要提醒患者，如果有皮肤病或割伤，糖皮质激素软膏更不能滥用。在使用有针对性的药物之前，有必要寻求专家的诊断，以免对皮肤造成不必要的伤害。

6

远红外线可用于治疗皮肤病，其注意事项有哪些？

在皮肤病学领域，远红外疗法可用于治疗疖、毛囊炎、化脓性汗腺炎、慢性溃疡、甲周炎、冻疮和静脉炎。红外线是由热光源产生的不可见光，波长从 760 ~ 1500 纳米不等。其热效应主要用于临床，能扩张局部血管，加速血液流动，刺激新陈代谢，加速组织再生，提高机体抗感染能力，放松肌肉，具有解痉镇痛作用。但对于有出血倾向或怀疑局部有恶性病变的患者，应慎用远红外疗法。

使用远红外线时应注意以下事项。

（1）照射穴位时，不要随意移动身体位置，以免烫伤，注意局部反应。

（2）在进行面部照射时，用棉垫或白布遮住眼睛，防止辐射进入眼睛。

（3）治疗过程中如出现心悸、头晕、发热等反应，应暂停治疗。

（4）恶性肿瘤、活动性肺结核、严重心血管疾病、有出血倾向、发热、局部体温紊乱者不宜使用。

7 网传“十滴水和碘伏”可以祛除粉刺，真的有效吗？

十滴水对打开毛囊开口有帮助吗？

我们先看一下十滴水的成分：樟脑、姜、大黄、茴香、肉桂、辣椒、桉树油，辅料为乙醇，建议口服使用。在成分方面，目前没有临床数据支持，使用十滴水后毛囊开口能轻易打开。在温水中加入十滴水不是很有意义，搭配不当会带来更大的刺激风险，所以不建议使用。

什么是碘伏？

碘伏（聚维酮碘）是一种消毒剂和防腐剂，对组织的刺激很小。它的作用是通过解聚释放碘，对多种细菌、病毒、真菌和孢子起到杀灭作用。碘伏已广泛应用于临床，可用于化脓性皮炎、皮肤真菌感染、小面积轻度烧伤、皮肤黏膜创面消毒等。

碘伏能治疗粉刺或者毛囊炎吗?

粉刺与毛囊角化异常、痤疮丙酸杆菌、内分泌遗传学等因素有关。毛囊炎有很多种类型，包括真菌性毛囊炎，也被称为糠秕孢子菌毛囊炎（马拉色菌毛囊炎），以及细菌性毛囊炎（包括金黄色葡萄球菌和革兰氏阴性菌）。虽然有报道称，聚维酮碘清洁剂可以改善痤疮，但实验治疗方案包括不同的清洁、洗涤方法以及全身及局部抗生素组合等。

此外，虽然有少数报道称聚维酮碘可以改善痤疮，但相关的支持数据有限，因此不建议使用聚维酮碘治疗痤疮。

对于毛囊炎，使用碘伏就像是在碰运气，虽然碘伏对金黄色葡萄球菌有很好的杀菌效果，但是毛囊炎不仅由金黄色葡萄球菌引起。因此，不推荐使用碘伏治疗毛囊炎。

8

注射肉毒杆菌毒素真的可以除皱吗?

肉毒杆菌是一种在低氧环境中生长的细菌，在罐头和密封腌制食品中具有很强的生存能力，其分泌的毒素是目前毒性最大的毒素之一。

肉毒杆菌是一种致命的细菌，它可以在繁殖的过程中分泌毒素。军方经常将这种毒素用于生化武器。人们摄入并吸收这种毒素后，神经系统会受到损害，导致头晕、呼吸困难、肌肉无力等症状。

原来，科学家和美容师对肉毒杆菌毒素在暂时麻痹肌肉方面的功效很感兴趣。医学界最初用这种毒素治疗面肌痉挛和其他肌肉运动障碍，用它麻痹肌肉神经，达到缓解肌肉痉挛的目的。在治疗过程中，医生们发现它在消除皱纹方面具有非凡的功能，远远超过任何其他美容或整容手术。因此，使用肉毒杆菌毒素消除皱纹的美容手术应运而生，并因其显著的治疗效果迅速在美国流行开来。

肉毒杆菌毒素被广泛应用于医学美容中，它能缓解以下皮肤问题：除去皱纹、改变眉形、瘦脸、瘦腿、止汗、颜面抽搐。但有一些事项要提醒大家注意。

首先，完成上述手术只能通过专业的皮肤科医生，这是美容院从业者无法胜任的。因为肉毒杆菌毒素在美容领域的应用需要考虑很多因素，如剂量和注射部位，这些都需要专业的培训。一旦注射失败，后果不亚于毁容。

其次，在注射过程中，还需要进行非常严格的皮试。肉毒杆菌毒素作为一种剧毒毒素，很多人可能不适应它，甚至以前从来没有过敏的人也可能对它过敏。当然，需要持续注射肉毒杆菌毒素才能保持效果，所以需要一定的经济实力。对于一些需要经常使用面部表情的工作者来说，一般建议注射后 1 ~ 2 周内不要工作，否则会影响注射的效果。同时，注射后不要进行美容治疗，尤其是面部按摩，因为这样也会降低注射的效果。

9

哪些皱纹不能用肉毒杆菌毒素祛除?

肉毒杆菌毒素作为美容界的宠儿，可以解决很多问题：瘦脸、祛除皱纹、改善嘴角下垂、瘦小腿等。由于肉毒素的应用广泛，许多人认为肉毒杆菌毒素是一种人人都可以注射的美容产品。事实上，有些人不能注射肉毒杆菌毒素，有些部位的皱纹也不能用肉毒杆菌毒素治疗。

那么，哪类群体不适合使用肉毒杆菌毒素去皱纹?

（1）孕妇和哺乳期妇女。

（2）重症肌无力、多发性硬化症以及心、肝、肾等脏器疾病患者。

（3）未成年人。

（4）患有上睑下垂和其他神经肌肉疾病的患者。

（5）身体非常虚弱，抵抗力差的人。

（6）对肉毒杆菌毒素产品或人血白蛋白中的任何成分过敏或有过敏体质的个体。

（7）2 周内使用过会与肉毒杆菌毒素相互作用的药物，如氨基糖苷类抗生素及青霉胺、奎宁、环孢素、吗啡、钙离子传导阻滞剂等，因为这些药物可增加肉毒杆菌毒素的毒性。

哪些部位不能使用肉毒杆菌毒素?

有些部位不能注射肉毒杆菌毒素。在眉毛周围注射肉毒杆菌毒素会导致眉毛下垂、上眼睑下垂、眼袋突出。在严重情况下，还可能出现发热、疲劳和呼吸困难等症状。此外，如果注射不当，还可能出现表情不自然、两侧不对称、上眼睑下垂、吞咽和语言障碍、全身无力或呼吸肌麻痹等肉毒杆菌毒素中毒症状。

因此，注射肉毒杆菌毒素一定要选择信誉良好的医院。专业医生可以选择正确的位置和合适的剂量进行注射，在保证安全的前提下，达到注射效果。

10

什么是某某化妆品不耐受呢?

某某化妆品不耐受是指部分人群在使用化妆品的过程中面部出现的一系列不良感觉 / 不良反应，反应可轻微可严重。

这种不耐受多以个人主观感受为主，在使用某某化妆品后出现皮肤紧绷、灼烧、刺痛、过分干燥等现象，外观无表现或有红斑、脱屑、丘疹等存在。很少有人对全部的化妆品都不耐受。而某某化妆品的不耐受分为很多种情况。

（1）一部分人群对大部分化妆品无法耐受，一些很温和的产品除外。这种情况下需要考虑皮肤本身的问题，自身是否因长期频繁去角质、使用过强清洁力度清洁产品、长期暴晒等不当护肤方法导致皮肤屏障受损，对稍微刺激一点的产品就不能用，只能使用非常非常温和的产品。

（2）本身患有一系列皮肤疾病或皮肤天生敏感脆弱，这类皮肤受到外源性刺激后也可能会感到不适。

（3）源于个体本身使用产品搭配失误导致的刺痛 / 瘙痒 / 不舒服。比如，先使用了高浓度水杨酸 / 果酸，之后又立刻涂抹高浓度 A 醇导致的刺激。

（4）个体刚好对化妆品某一成分不耐受。

CHAPTER 9

人生不同阶段，你应该了解的护肤问题

1

改善肌肤衰老，不同年龄的抗衰重点一致吗？

25 岁后，随着年龄的增加，细胞活性及营养含量会逐渐下降，皮肤容易面临干燥、粗糙、表情纹等问题。这个时期，在加强保湿补水之余，还应该使用如原液类精华这种具有抗氧化、抗初老功效的护肤品，延缓肌肤衰老。

在 30 ~ 40 岁这个年龄段，细胞的质量和活性会“跳水式”下降，胶原蛋白流失快，衰老症状明显，面部松弛下垂，静态皱纹出现，这个时期需要使用滋养型的抗衰护肤品，如多肽类精华，可以增强肌肤新陈代谢，延缓衰老。

到了 40 岁之后，人体进入快速衰老期，随着年龄的逐渐增长，面部肌肤的松弛程度会越来越明显，皱纹也变多变深。所以这个时期，可以使用含有胶原蛋白肽成分的护肤品来深度修护受损肌肤，刺激胶原蛋白合成，淡化皱纹，令肌肤恢复饱满平滑。

每个年龄阶段抗衰的重点都不一样，所以永远不要纠结多少岁开始抗衰比较好！此外，不管处于哪个年龄阶段，防晒都是必不可少的保养步骤。

2

人体不同年龄段的皮肤特征有什么区别？

（1）儿童期（0 ~ 10 岁）：男女之间没有明显差异（血液中雄激素水平很低），任何护肤品都可以使用，尤其是含有较多动物脂肪的护肤品。由于儿童内分泌系统发育不成熟，皮肤吸收能力较差，护肤品仅起到皮肤表面的保护作用。

（2）青春期（10 ~ 20 岁）：雄激素和雌激素大量分泌，第二性征发育。男性的喉结突出，声音变粗，肌肉发达。如果保养和清洁不当，容易发展为青少年痤疮，男性发病率是女性的 4 ~ 5 倍。一些容易患痤疮的女性体内的雄激素也略有增加。在此期间，首先要注意清洁保养，避免紧张，保证睡眠。

（3）成年期（20 ~ 30 岁）：当所有器官成熟，内分泌达到高峰时，这是皮肤最成熟、最光滑、最滋养的时期。这个阶段要注意清洁、保湿、保养。

（4）壮年期（30 ~ 45 岁）：皮肤水分逐渐减少，胶原纤维和弹性纤维逐渐减少。女性要特别注意，因为在婚姻和生育期间，体内的内分泌有明显的变化，激素分泌容易受到干扰，皮肤容易出现黑斑和老化。

（5）更年期（45 ~ 55 岁）至老年期（55 岁及以上）：这个时期对女性尤为重要。大多数女性在 45 ~ 50 岁之间绝经，绝经过程需要 2 ~ 3 年。对于身体来说，这是一个衰老的时期，皱纹和白发开始增多，皮肤敏感性和透明度消失，呈现干燥状态，脂肪开始堆积，有的人可能会出现双下巴或更深的皱纹，因此，要特别注意保湿、清洁和保养，以减缓皮肤的衰老速度。

3

儿童也需要护肤吗?

人类的衰老从出生就开始了，所以从小培养孩子正确的皮肤护理和保护观念很重要。

很多人认为，反正孩子的皮肤是白嫩的，没有必要去保护它，最多注意保湿就好了。这个理念其实是错误的，人生任何阶段，都需要呵护皮肤。为了孩子的健康成长，我们应该多做阳光下的户外活动。人类衰老分为内源性因素和外源性因素。内源性衰老是由基因决定的，外源性衰老是由环境因素引起的，其中最大的老化因素是阳光中的紫外线辐射。

通常情况下，儿童的光防护不足，部分原因是对阳光的危害缺乏足够的认识——父母很少有这种认识，而儿童则完全没有这种认识。一方面，很多人觉得皮肤在 25 岁以后才开始老化，这是一种错觉。在早期阶段，皮肤的老化只是肉眼检测不到，并不意味着老化没有发生。另一方面，家长知道紫外线辐射对促进孩子的生长发育很重要。如果缺乏阳光，可能会导致缺钙和身材矮小。因此认为，即使孩子过度暴露在阳光下，也不应加以预防。

这也是错误的。

建议儿童的光防护应做到以下几点。

（1）对孩子做防晒措施并不会影响孩子的身体发育。人体代谢需要维生素 D 参与，紫外线可以诱导皮肤合成维生素 D，但不需要长时间暴露在阳光下。15 分钟的接触就足以合成一天所需的维生素 D。

（2）维生素 D 可以由全身皮肤合成，但不一定需要由面部皮肤合成。我们可以注意保护脸部，让手臂或腿部的皮肤晒太阳合成维生素 D 即可。

（3）防晒并不意味着一定要涂抹防晒霜，尤其是对于 6 个月以下的婴儿来说，一般不建议涂抹防晒霜。在这个时候，应该教孩子们戴上帽子，待在阴凉处，避免在阳光最强的时候（上午 10 点到下午 4 点）进行无保护的长时间活动。

（4）如果发现问题，应该尽早处理。许多皮肤问题在开始时更容易处理。比如，当孩子们进入青春期时，许多人开始长痤疮。痤疮是一种皮肤病，但很多家长认为是正常的生理现象，认为他们长大后会好，结婚后会好，等等。家长不带孩子寻求医疗帮助或护理，使痤疮的治疗被拖延，最终导致病变，对人体造成伤害。

（5）使用专为儿童皮肤设计的简单护肤产品。

4

为什么会长痱子，如何治疗?

痱子是夏季最常见的急性皮肤炎症。痱子是由汗孔阻塞引起的，常发生在颈部、胸部、背部、肘窝、腘窝等部位。在儿童中多见于头部和前额等部位。起初，皮肤变红，随后出现针尖大小的红色丘疹，其密集地聚集在斑块中，其中一些是脓性的。生长痱子后，会有剧烈的瘙痒、疼痛，有时还会有爆发性的热灼痛。

1）小儿痱子

痱子又称“汗疹”，是由大量持续出汗，汗液堵塞毛孔所致。它经常发生在炎热和潮湿的夏天。成人和儿童均可发病，但由于婴儿皮肤娇嫩，汗腺功能发育不完全，出现汗疹的概率较高。除了婴儿，经常出汗或肥胖的人也经常患汗疹。出疹大多是自限性的，一两周内就会消失。将婴儿放在通风良好的环境中，保持凉爽，以及穿可以吸汗的衣服缓解痱子症状。在门诊中，宝宝痱子是很常见的，因家长担心宝宝感冒，往往会给宝宝多穿几件衣服或不敢让他们吹风，这其实会导致痱子更严重。持续的痱子容易出现细菌、真菌感染或湿疹。这时应寻求皮肤科医生的诊断和治疗。一些超重的婴儿经常在他们的皱纹和磨损的部位出现热疹，如脖子、腋窝和大腿内侧。皮损常出现潮红，并可出现脱皮、润湿，甚至糜烂、开裂等情况。

2）治疗措施

当身上出现痱子时，不要用手抓或用强碱性肥皂清洗。不要用热水，避免烫伤，应用温水冲洗干燥，撒上痱子粉。搔抓后出现感染的患者应涂抹抗生素软膏进行治疗。

（1）一般治疗：保持房间通风凉爽，经常洗澡；保持皮肤清洁干燥；儿童应经常洗澡，及时擦干汗水，更换衣服；发热、卧床患者应经常翻身、清洗皮肤；还可以服用凉补品，如绿豆糖浆、绿豆粥、凉糖浆等；避免刮擦，不要用肥皂清洗。

（2）抗炎止痒制剂可外用。

（3）继发性感染可使用抗生素治疗。

5

引起手足口病的病毒有哪些，如何预防与治疗？

手足口病是一种常见的由肠道病毒引起的传染病。在临床实践中，本病主要以手足口疱疹为特征。大多数患者症状轻微，但少数患者可引起心肌炎、肺水肿、无菌性脑炎、膜性脑炎等并发症。虽然一些危重儿童病情迅速好转，但容易死亡。该病常见于5岁以下的婴幼儿，故常被称为“小儿手足口病”。引起手足口病的病毒有很多，主要有柯萨奇病毒、埃可病毒和新型肠道病毒，属于小 RNA 病毒科肠道病毒。

有关资料显示，手足口病的病原发生了明显的变化。肠道病毒适合在潮湿和炎热的环境中生存和传播，并且具有耐药性。75% 乙醇和 5% 裂解液对肠道病毒无作用。但它对紫外线辐射和干燥很敏感，各种氧化剂（如漂白剂）、甲醛、碘都能使它灭活。

1）手足口病如何预防?

手足口病传播途径多，婴幼儿和儿童普遍易感。做好儿童个人卫生是预防本病感染的关键。

（1）饭前便后、外出后要用肥皂或洗手液等给儿童洗手，不要让儿童喝生水、吃生冷食物，避免接触患病儿童;

（2）看护人接触儿童前，替幼童更换尿布、处理粪便后均要洗手，并妥善处理污物;

（3）婴幼儿使用的奶瓶、奶嘴使用前后应充分清洗;

（4）本病流行期间不宜带儿童到人群聚集、空气流通差的公共场所，注意保持家庭环境卫生，居室要经常通风，勤晒衣被;

（5）儿童出现相关症状要及时到医疗机构就诊。居家治疗的儿童，不要接触其他儿童，父母要及时对患儿的衣物进行晾晒或消毒，对患儿粪便及时进行消毒处理;轻症患儿不必住院，宜居家治疗、休息，以减少交叉感染。

2）手足口病如何治疗?

如果没有并发症，本病的预后一般较好，通常在一周内康复。

治疗的主要原则是对症治疗。可服用抗病毒药物、清热解毒的中草药，以及维生素 B、维生素 C 等。有合并症的患者可肌内注射免疫球蛋白。在患病期间，要加强对孩子的护理，保证良好的口腔卫生。进食前后用生理盐水或温水漱口。建议使用无刺激性的食物，如液体和半液体食物。手足口病的病因可合并心肌炎、脑炎、脑膜炎、痉挛性麻痹等，因此应加强观察，不可掉以轻心。

如有并发症，应对症治疗。

6 儿童荨麻疹的发病原因有哪些？

儿童荨麻疹多是过敏反应所致，其常见多发的可疑病因首先是食物，其次是感染。因年龄不同，饮食种类不同，引起荨麻疹的原因各异，如婴儿以母乳、牛奶、奶制品喂养为主，可引发荨麻疹的物质多与牛奶及奶制品的添加剂有关。随着年龄增大，婴幼儿开始增加辅食，这时鸡蛋、肉松、鱼松、果汁、蔬菜、水果都可成为过敏原。学龄前期及学龄期儿童，往往喜欢吃零食，因此食物过敏的机会增多，如果仁、鱼类、蟹、虾、花生、蛋、草莓、苹果、李子、柑橘、各种冷饮、巧克力等都有可能成为过敏原。

那么，儿童荨麻疹的发病原因有哪些呢？

第一种病因是食物，其常见原因主要是蛋白质类食物。

第二种病因是药物，通常是由疫苗引起的。

第三种病因是感染，儿童和幼儿期儿童的抵抗力低，容易被各种细菌、病毒感染。因此，化脓性扁桃体炎、咽炎、肠炎、上呼吸道感染等疾病一年四季都可能成为荨麻疹的诱发因素。

7

如何避免买到劣质婴儿面霜?

相信大家应该都关注到了使用激素面霜后孩子变成大头娃娃的事件，这件事情对于很多家里面有孩子的父母来说是非常担心的，毕竟在孩子的成长过程当中是不可避免要使用婴儿面霜的，那么大家在生活当中如何避免购买到劣质的婴儿面霜呢?

1）通过正规渠道进行购买

相信所有的父母应该都知道孩子的皮肤是娇嫩的，并且孩子的器官发育并不完善，所以小孩子使用的任何产品都是需要特别注意的，如果一旦使用不正确或者购买不正确的话，就会导致孩子的身体出现各种各样的问题。所以家长如果想要避免购买到劣质的婴儿面霜，最主要的一点就是通过正规的渠道进行购买，尽量去大商场、大超市进行选购，千万不要贪图便宜去选择一些价格比较便宜的产品。有些父母想要给孩子使用国外的一些品牌产品，但是通过正规渠道购买太贵了，就会选择代购，但是代购也不敢 100% 的确保是正品，一旦里面掺杂了一些不正规的成分，后果就会不堪设想。

2）孩子皮肤出现问题先到医院问诊

孩子在成长的过程当中，父母总是有照顾不到的时候，这个时候就会导致孩子的皮肤出现一些问题，比如说有些孩子会出现一些湿疹，总是反反复复怎么也治不好。很多家长认为像这种皮肤疾病是小事情，并不会危及孩子的生命，所以就会擅作主张去购买一些相应的婴儿面霜，想要给孩子的皮肤进行一些改善。但其实当孩子的皮肤出现问题的时候，家长一定要及时带孩子到医院进行检查，确保孩子的皮肤真的没有什么大问题，再使用医生推荐的婴儿面霜才会更安全，这样也会对症下药，让孩子的皮肤尽早回归到正常的状态。

8

新生儿容易患哪些皮肤病，如何诊断？

1）湿疹

这是婴儿期最常见的皮肤病，俗称奶癣。它在 5 个月以下的婴儿中更常见，到 6 个月时逐渐减少。有些宝宝在 1 岁半左右会逐渐自愈，当然也有的会晚一些。

这种类型的湿疹通常发生在婴儿的额头、脸颊、四肢、躯干和其他部位。如果宝宝在 2 岁以后仍然有湿疹，通常发生在颈部或手脚等部位。

在有湿疹的地方，皮肤会变干变红。有时也有小水疱，可以结痂，导致皮肤变得粗糙，没有光泽，并感觉瘙痒。

造成湿疹的原因很多，有一部分与遗传有关，如家里有人患有湿疹、哮喘或过敏性疾病。也有某些东西引起的过敏，使宝宝容易发生湿疹。

预防方法：日常生活中注意皮肤清洁很重要。给宝宝洗完澡后，要及时涂抹保湿霜。注意，要让宝宝在寒冷或炎热天气下保持适度的温度和湿度。

2）尿布疹

尿布疹就是我们所说的“红屁股”，也是新生儿最常见的皮肤病。

一些婴儿可能会出现发红、皮疹、脱皮的症状，严重的情况下会出现皮肤溃疡。由于长时间被纸尿裤包裹，小屁屁非常潮湿闷热，再加上排泄物和尿液的刺激，很容易造成小屁屁发红或细菌感染。

当婴儿出现尿布疹时，要注意小屁屁的清洁。通常，少用湿纸巾以减少皮肤刺激。清洗完宝宝屁屁后，在干燥的条件下换上干净透气的尿布或纸尿裤是很重要的。

3）口腔皮疹

口腔皮疹，又称“口周湿疹”，常见于 2 个月至 1 岁左右的婴儿。这是一种由唾液刺激引起的接触性皮炎。当然，由于宝宝消化道发育不完全，有的还可能出现食物和消化液反流的情况。

家长应正确识别口腔皮疹，然后用适当的药物进行护理，让宝宝远离口腔皮疹是至关重要的。婴儿出现口腔皮疹后，嘴唇周围可能会出现红斑或小红疹，并伴有瘙痒或疼痛；皮肤表面有剥落或开裂，表面粗糙。在严重的情况下，可能会出现糜烂、渗出和结痂。上述情况可以反复发生，也可以主要以一种方式发生。

处理方法如下。

（1）清洁和保湿：如果宝宝只有轻微的红斑和丘疹，父母只需要加强护理。一旦宝宝有唾液流出，要及时擦干。每次清洁后，涂抹保湿剂。正确使用保湿剂可以避免反复清洗对皮肤屏障造成的损伤，还可以在皮肤表面形成保护层，减少和避免唾液的刺激。

（2）外用激素软膏：如果口腔出现皮疹，出现大面积红斑、丘疹、水疱，单纯的清洁和加强保湿并不能控制症状。要及时使用温和、弱效的糖皮质激素软膏。最好选择柔软的棉质手帕或羊毛布擦拭唾液，并用水湿润进行清洁。

（3）抗生素软膏：如果继发性感染，特别是脓疱疮，需要局部使用抗生素软膏，如莫匹罗星软膏或夫西地酸软膏。

4）痤疮

一些新生儿也会长痤疮，主要是受母体血液激素的影响，或与遗传因素有关，发病部位主要是额头或脸颊。对于新生儿痤疮，通常不需要额外的治疗，大多在 3 个月后逐渐消退。正常情况下，只要做好皮肤护理即可。

9

月经期和妊娠期女性的皮肤有什么变化?

雌激素是卵巢分泌的一种激素，与妊娠和生育密切相关。根据相关研究，雌激素可以去除导致皮肤老化的活性氧。身体的各个部位都会产生活性氧。压力和紫外线辐射可导致活性氧的产生。如果体内活性氧过多，就会损伤细胞和组织，导致皮肤老化。简单地说，活性氧可以引起色素沉着和皱纹的产生，也可能促进癌细胞的产生。去除活性氧称为抗氧化作用。它还可以维持皮肤弹性的胶原蛋白。然而，雌激素的分泌在 20 多岁时最高，25 岁时达到顶峰，35 岁以后逐渐减少，进入更年期后突然减少。此外，过度减肥和压力过大也会导致雌激素分泌减少。综上所述，雌激素分泌随年龄的减少是无法避免的，但我们可以避免不良生活习惯导致的雌激素减少。

在月经期间，女性的皮肤可能会经历一些特殊的变化，如皮肤油腻、透明度降低、毛细血管明显、痤疮和黑眼圈。这种现象主要是由于月经期间雌激素水平变化，黄体酮变化明显，皮肤供血增加，皮脂释放增加，导致皮肤过于油腻，毛细血管扩张，皮肤敏感，抵抗力下降，容易出现皮疹和毛囊感染。在月经期间，保持充足的睡眠和避免过度疲劳是很重要的，因为它可能导致眼睛周围的色素沉着。然而，一旦月经期过去，症状就会消失。

有的孕妈妈觉得自己的皮肤在怀孕期间变得特别红、特别嫩，而有的则可能会出现水油失衡、干燥或油腻的情况，容易过敏，甚至出现色素沉着或变色。事实上，怀孕会导致孕妈妈体内的雌激素、黄体酮等激素水平发生变化，影响皮肤的储水能力和皮脂膜的完整性。

10

常见的妊娠特异性皮肤病有哪些，好发于妊娠的哪个阶段？

怀孕期间孕妇皮肤发痒的原因有很多。除激素变化、皮肤干燥、异物刺激等生理因素外，还应特别注意病理因素，尤其是妊娠特异性皮肤病。那么，怀孕特有的皮肤病有哪些类型呢？

1）妊娠类天疱疮

妊娠类天疱疮（pemphigoid gestationis，PG）是一种良性瘙痒性疾病，在孕妇中的发病率为 1/50 000 ~ 1/10 000，一般发生在妊娠后期或产后早期，然后逐渐消退；患者的预后通常较好，但早产和死产的发生率相对较高，10% 的新生儿有症状。PG 患者最初的皮疹多为多形性、模式红斑、丘疹、喘息和斑块。几天到几周后，发展成大疱性类天疱疮样皮疹。病变通常从脐周围开始，迅速扩散到腹部、胸部、背部和四肢。偶尔也会延伸到面部、颈部、头皮和其他部位。使用糖皮质激素，联合润肤剂、组胺、免疫球蛋白、免疫抑制剂以及血浆置换等方法可有效缓解和治疗。

2）妊娠期瘙痒

妊娠期瘙痒可能是妊娠期肝内胆汁淤积造成的，以妊娠中后期发痒为特征，或瘙痒与黄疸并存。特别是在胸部、腹部和下肢，瘙痒症状更明显，严重者可能出现皮疹－红色丘疹。由于胆汁淤积，胎盘绒毛间隙变窄，影响母胎之间的物质交换和供氧，导致胎儿在宫内发育迟缓，胎儿出生体重低于同胎龄新生儿，还可能出现早产、死产，增加围生期死亡率。

这种疾病的早期诊断和治疗至关重要。如果发生肝内胆汁淤积，必须及时就医。当然，皮疹会在分娩后自然消退，但在第二次怀孕时复发的概率仍然较高。

孕妇应尽量穿棉质内衣，因为化纤衣物会刺激皮肤，使症状恶化。同时要注意皮肤清洁，不宜使用碱性沐浴皂。不要抓伤皮肤，防止继发感染。

11

怀孕以后皮肤为什么会特别油腻，该如何应对?

大多数女性在怀孕期间，皮肤都很脆弱，容易出现各种皮肤问题。除了瘙痒、色斑之外，不少孕妈妈还有“油面”的苦恼。“油面”的困扰在夏季尤为突出，T 型区（额头和鼻子）的油腻让很多孕妈妈的美丽大打折扣。

对很多“油妈妈”来说，怀孕期间由于激素的剧烈变化，皮下脂肪大幅增厚，汗腺和皮脂腺分泌增加，这些会让面部油脂分泌旺盛，从而使皮肤变得非常油腻，尤其是 T 型区最为明显。

皮肤分泌的油脂太多，很容易吸附空气中的杂质和灰尘等，这些污染物如果得不到及时有效地清除，就容易堵塞毛孔，从而滋生细菌，引发各种炎症、痘痘等问题。那么，怀孕后皮肤油腻该如何应对呢?

第一，实时关注肌肤清理，保持面部清爽。很多女性在孕期发现自己皮肤油腻后，总喜欢通过多洗脸来缓解，认为这样能将油脂清洗掉。但事实上，如果护理不当，脸上只会越来越油腻，这是为什么呢？保持脸部肌肤清爽是应该的，但每天洁面不必过于频繁，早晚两次即可，尽量用洗面奶洗脸。对于皮肤过于油腻的孕妈妈，可以中午多增加一次清水洁面。在洗面奶的选择上，要避免强效控油型洗面奶，应该尽量选择为孕妈妈研发的、性质温和、清爽水润的孕妇专用洗面奶。

第二，可以采用“以水治油”的方式，做好皮肤的补水保湿。皮肤干燥和皮肤油腻，会让人看起来是截然不同的状态。因此，很多孕妈妈错误地认为，干燥肌肤和油腻肌肤是对立的，却忽视了油腻肌肤最重要的护理：补水。其实，肌肤分泌油脂太旺盛恰好是肌肤“抽水”自我保护的一种体现。从这个角度上看，不管是干燥皮肤还是油腻皮肤，根本原因都是缺水引起的。与干燥的皮肤需要补水一样，怀孕期间的“油妈妈”们，同样需要“以水治油”，适当补充水分。

第三，饮食上要尽量保持清淡。清淡的饮食对保持皮肤清爽非常重要，对于皮肤油腻的孕妈妈来说，除了注意补水，保持皮肤清爽外，日常还要增加饮水量，多吃一些富含维生素的水果和蔬菜。除了上述这些措施，良好的睡眠，愉悦的心情，减少使用电脑、手机等电子产品，也有助于改善肌肤油腻的状况。

12

何为老年斑，如何治疗？

“老年斑”是常见的一个名词，它的全称叫“老年性色素斑”，在医学上又被称为“脂溢性角化”。老年斑这种色素斑块，实际上是一种良性的表皮增生性肿瘤，它常见于人体的面部、颈部、背部、胸前等，有时候也可能出现在上肢等部位。大多数人在50岁以后才会慢慢长出老年斑，年龄越大，长出的老年斑会越多，所以民间又称其为“寿斑”。

随着医学的不断进步，现代医学研究表明，“寿斑”的雅称有些名不副实。老年斑并不是长寿的标志，而且，专家们经研究发现，随着人类平均年龄的增长，老年斑在老人中并非普遍存在，仅占27%。

1）老年斑的特点

（1）一般长在面部、颈部、背部、四肢等部位，多为较大的斑点，不规则，分布呈不对称性。老年斑多见生长在面部边缘和手背，与健康组织有着明显的界限。

（2）随着皮肤功能的逐渐衰退，自由基的排泄能力降低，因而导致的内分泌紊乱、内脏功能减弱、血液循环不良等问题都会诱发形成老年斑。

（3）操劳过度、过度思考等可能伤及脑部经络与细胞，引发一种不良的角化突起病灶，其外观看起来像一块块附在皮肤上的小泥巴一样，一般位于脸部及身上的斑点面积较大，较为突出且颜色较深；位于四肢、手足部位的病灶通常较小，较为扁平且颜色较淡。

2）老年斑的预防

近年来，医学领域的专家学者对老年斑越来越重视，希望通过科学手段控制它的产生。研究者们通过添加各种抗氧化剂的方法进行了大实验，结果出乎意料的好。目前的研究证明，维生素 E 是一种较理想的抗氧化剂，它能阻止不饱和脂肪酸生成脂褐质色素。通过检查分析 60 岁以上健康老人的血浆，发现维生素 E 的含量随年龄增长而降低，并证明维生素 E 与化学自由基的活跃有一定关系。通过动物实验已经证实，维生素 E 能阻止脂褐质生成，并有清除自由基与延长寿命的功效。因此，除了适当服用一些维生素 E 外，还可以多吃含维生素 E 的食物，如豆类、谷类、乳制品及深绿色植物等。

在摄入食物的时候，要调整好动物脂肪和植物脂肪的比例，正常比例为 1 ∶ 2。植物脂肪含不饱和脂肪酸较多，但一味吃素也不能阻止脂褐质色素的增加，所以纯素食并不会比荤素搭配合理。

另外，在日常生活中要尽量避免长时间照射紫外线，不要经常用手去抓挠老年斑，更不要胡乱使用刺激性外用药，可以在医生的指导下，使用 5% 氟尿嘧啶软膏、液氮冷冻或激光治疗来消除老年斑。

CHAPTER 10

关于护肤问题的“十万个为什么”

1

护肤品中不含香料就更安全吗?

护肤品中并非不含香料更安全。近年来，“含香料”的护肤品也往往以“无添加”为主要营销口号。护肤品中的香料主要有天然和化学合成两大类。在护肤品中添加香料：一方面能以此来掩盖护肤品的异味，另一方面则是通过某种香料来吸引人们的购买欲。

但是，不含香料的护肤品并不意味着更安全。原因很简单，当我们在购买护肤品的时候都会先闻一闻它的味道，如果某护肤品气味难闻，相信大多数人也不会有勇气将它涂在脸上。但大部分原料气味并不好闻。

不管是天然护肤品，还是人工合成护肤品，都同样存在着过敏的可能性，能进入批量生产的产品，即使存在人工合成的成分，其导致皮肤过敏的概率也非常小。因此，担心含有人工合成成分的护肤品容易致敏确实是多余的。另外，很多护肤品中的香料也是天然萃取的。对于皮肤特别敏感的群体，可能确实不含香料的产品致敏率更低，但对于绝大多数人来讲，护肤品中是否含香料，使用起来并无明显差别。很多香料中散发的香味能起到舒缓疲劳和振奋心神的效果，反而对人体有益无害。

通过前面的介绍，我们可以清楚地知道，对于大多数人来说，选择护肤品时，不需要考虑香料的问题。

2

男士是否可以使用女性的护肤品?

这需要根据男性和女性皮肤的生理特点来看，总体来说男性的皮肤有两个主要特点：一是男性皮肤油脂的分泌量远大于女性皮肤；二是男性皮肤在厚度上远大于女性皮肤。所以，适合男士的护肤品和适合女性的护肤品主要在这两个方面有一些成分上的差别。

男性护肤品的油脂成分添加量相对于女性护肤品来说要少，甚至有些产品还会增加一些控油成分，或者添加一些清爽的薄荷萃取液，这些成分在女性护肤品中含量较少。而且，有些皮肤领域的医生认为，薄荷对皮肤有一定的刺激性。

另外，很多男性的护肤品添加了角质剥离成分，并且其浓度也高于女性护肤品。

单就护肤品成分而言，并没有男性专用和女性专用之说，因为不管男性还是女性的皮肤，都需要补水、保湿、抗氧化及防晒。随着年龄的增长，任何人的皮肤都会慢慢衰老，都需要做抗衰老护理。从这个角度看，大多数女性护肤品所用的成分同样也适用于男性护肤品。

需要注意的是，由于大多数男性的皮肤油脂分泌量比女性的多，所以在选择护肤品的时候，男性还是要尽量选择清爽的系列，尽量避免滋润的系列。

另外，男性同样可以用美白、祛痘、控油、抗皱系列，只是在使用的时候，根据自己皮肤类型来选择即可。

3

为什么洗脸后需要马上用护肤品?

很多人习惯洗脸后涂一层护肤品，主要原因是香皂或洁面乳大多是碱性产品，它对皮肤表面的皮脂膜有破坏作用，如果不涂护肤品，皮肤会变得干燥。一般来说，洗脸后马上涂化妆品是为了避免皮肤干燥。涂抹护肤品的时间最好在洗完脸后 30 秒内，这样能更加有效地保护面部水分。

那么，洗脸后的保养顺序是怎样的呢?

1）涂抹肌底液

为了让皮肤更好地吸收保养品，洗完脸后要涂抹肌底液。由于肌底液分子小容易被皮肤吸收，所以它能迅速渗透到毛孔里，帮助皮肤疏通毛孔，促进营养吸收。具体使用方法是，倒出适量的肌底液于掌心，然后轻轻拍打在脸上，注意涂抹均匀即可。

2）化妆水滋润肌肤

化妆水能起到滋润肌肤的作用，拍打化妆水是护肤中必不可少的一项。在使用时，可以在化妆棉中倒入适量化妆水，先从容易干燥的面颊轻轻涂抹，然后按照从额头到下巴的顺序均匀涂抹，让面部肌肤“喝饱”水分，以保持水润亮泽感。如果使用的是喷雾型化妆水，那就将其喷在脸上，涂抹均匀即可。

3）敷面膜

很多人都有敷面膜的习惯。面膜其实是最好的补水产品，能充分滋润角质层，有利于皮肤更好地吸收水分。

4）精华液

精华液能起到深层护肤的作用。由于精华液含有的美容精华浓度较高，能够快速渗入皮肤底层，为皮肤提供各种营养需要，在使用精华液时可以根据自身情况，选择精华液的功效。

5）乳液锁水保湿

乳液有较强的锁水保湿作用，使用乳液能让之前使用的护肤产品得到更好的保护，从而起到持久滋养肌肤的作用。在使用乳液时，要注意涂抹时力度轻柔，由内向外，从下到上，最后用手掌心的余温捂脸，促进成分的吸收。

4

为什么有些人怎么晒都晒不黑？

我们在生活中会发现，很多人非常不容易被晒黑，其实这主要是由基因决定的。人们之所以被晒黑，是因为皮肤中黑色素沉积太多。当阳光中的紫外线照射皮肤时，皮肤会开启自我保护功能，黑色素细胞会生成大量黑色素吸收紫外线。肤色差异取决于黑色素的数量和分布等。黑色素对皮肤颜色影响很大，而黑色素细胞中酪氨酸酶活性的强弱，直接决定着黑色素的多少。

晒黑基因（TYR）编码的酶指的就是酪氨酸酶。TYR 基因由于能调节机体色素沉积，因而成为人类鉴定的首个色素相关基因，它与皮肤晒黑反应关系密切。基因突变可降低 TYR 酶的活性，会导致酪氨酸合成减少，进而影响黑色素在体内合成，降低晒黑的反应敏感性，也就变成了很多人羡慕的“晒不黑”体质。

但是，黑色素自然消失或减少的现象，医学上称之为色素脱失，表现出的状态是局部皮肤呈白斑。当紫外线照射到皮肤上时，黑色素能把有害的紫外线转化成无害的热量，防止人体晒伤。所以，黑色素是皮肤不可或缺的。对于那些皮肤白皙，不容易晒黑的人来说，他们相对更容易患各种皮肤疾病。比如，白化病患者，由于他们缺乏 TYR 基因，无法正常合成黑色素，所以其皮肤呈乳白色或粉红色，毛发呈淡白色或淡黄色，瞳孔呈淡粉色且眼睛畏光。他们的基因使得他们永远晒不黑，但也永远难以享受阳光。

同时，当一个人的肤色越黑，就说明他体内的黑色素越多，能够保护人体不被阳光灼伤，深色的皮肤尤其是黑色皮肤，就像人体的天然保护色一样。对于大多数人来说，没有晒不黑的基因，又害怕晒黑，那在日常生活中就要做好防晒工作。

5

一次性洗脸巾真的比毛巾更好吗？

近些年，不少商家都热衷推广一次性洗脸巾。很多脸上长痘痘的群体，由于害怕常用毛巾上有细菌螨虫，于是很容易接受这种一次性洗脸巾。皮肤干燥的群体，由于害怕常用毛巾过于粗糙，容易弄伤皮肤，也会乐于接受这种一次性洗脸巾。然而，一次性洗脸巾真的比毛巾更好用吗？

一次性洗脸巾由于是一次性产品，容易产生浪费。但抛开环保问题，依然是毛巾更胜一筹。尤其是纯棉、竹纤维材质的毛巾非常轻柔，除非用很大力气摩擦脸部，否则毛巾不会伤害到皮肤。相反，通过毛巾的适度摩擦，容易带走皮肤表面的污垢。

因而，不管是毛巾还是一次性洗脸巾，它们之间并不存在哪个更好之说，要因人而异。对于图方便的群体来说，一次性洗脸巾更适合。对于那些喜欢勤洗、勤晾晒毛巾的群体来说，显然毛巾更适合。

当然，在这里需要说明的是，洗脸巾并不像某些商家宣传的那样无菌。不管是在生产车间，还是在运输过程中，都可能存在细菌。而且，洗脸巾开封后，依然可能接触细菌，并不是听着名字是一次性的，就一定无菌。毛巾也是同样的道理。如果将毛巾晾晒在通风的地方，1～3个月更换一次，确实不会滋生多少细菌，但你的毛巾很多天不洗不晒，自然会产生细菌。

网上很多平台都在推荐各种洗脸巾，并非它多么好，而是因为它属于快速消耗品，相对于毛巾而言，它的消耗更快，利润也更大。所以大家在护肤的过程中，不要盲目跟风，否则花了钱却达不到预期效果。

6

什么是妆字号、械字号、消字号、特字号?

“字号”可以理解为：国家根据厂家提供的产品信息，给产品提供的分类。

什么是妆字号?

妆字号产品是咱们普通老百姓最常见的产品，像日常用的洁面乳、爽肤水、乳液、面霜、精华原液、面膜，以及化妆用的粉底、口红、眼影等彩妆产品都属于妆字号的产品。

所有“妆字号”的产品，都应该遵循国家对护肤品的规范要求。按照化妆品行业标准的说法：化妆品（包含护肤品在内）的使用对象应该是“健康人”的“健康皮肤”。也就是说，带有“妆字号”的化妆品和护肤品，应该用在皮肤屏障功能完好的健康人群身上。

妆字号的产品，如果不是特殊用途化妆品，都必须在国家市场监督管理总局官网上的国产非特殊用途化妆品备案系统上注册备案，可供查询。

什么是消字号?

消字号，是经地方卫生部门审核批准的卫生批号，格式为XX卫消证字XX第X号，消字号只能用于外用消毒杀菌，不具备调节人体生理功能的功效。国家《消毒管理办法》第33条规定:消毒产品就是一种起杀灭和消除病原微生物作用的产品，不能出现或暗示治疗效果。“消字号”往往是特殊工作场所、特殊时期及特殊工作人员使用的。特殊工作场所，如医院、就餐区域（食堂和饭店）；特殊时期，如流行病传播期间；特殊工作人员，如医生、护士。

什么是特字号?

说起“特字号”，一般指特殊用途化妆品。国妆特字就是代表该化妆品属于我国生产的特殊用途化妆品。特殊用途化妆品的产品类别其实很常见，主要以功效诉求区分，如美白、祛斑、减肥、防晒、育发烫染发、美乳等化妆品都属于特殊用途类。

什么是械字号? 械字号指医疗器械，是风险程度低，实行国家常规管理可以保证其安全、有效的医疗器械。

7

为什么剧烈运动或洗完澡后身体发痒出现红点?

有很多人在剧烈运动后，或者洗一次热水澡后，身上会出现不同程度的红点点，这些红点点通常会瘙痒难耐。有些人觉得既然如此，那自己就最好不要运动了。这种想法其实是错误的，我们要明白，这些红点点并不是你的脂肪在燃烧，而是一种皮肤病，它被称为胆碱能性荨麻疹。

胆碱能性荨麻疹常见的发病原因是，人体在剧烈运动后，摄入热量高的食物、饮料，或者热水淋浴、桑拿浴之后，容易发作胆碱能性荨麻疹。其症状是小点状的小风团（直径 1 ~ 3 毫米），周围的皮肤呈现红斑，有时伴有瘙痒。发作时间通常持续 30 ~ 90 分钟，最多几小时后，会自行消退。部分患者会出现恶心、呕吐、腹痛、腹泻、头痛、乏力等症状。

还有一种运动诱发的荨麻疹叫运动性荨麻疹，但其原因不是因为运动体温升高而发生，而是单纯地对运动“过敏”。这类荨麻疹常常在运动结束 5 ~ 30 分钟出现风团。风团的颜色比较淡，但它要比胆碱能性荨麻疹的风团大。这类患者大多对某些食品过敏。通常来说，避免掉这些过敏原就可以改善症状。

那么，一旦出现以上类型荨麻疹，该如何治疗呢?

一般来说，症状轻的不需要做特殊处理，但需要尽量避免诱发因素。比如，不要在温度高的夏天沐浴热水或做剧烈运动。对于症状严重的人，请及时就医。

8

为什么一到春天手就开始脱皮?

手指脱皮一般是由血虚血燥、皮肤失养、燥热生风引起的。发病的常见原因有真菌感染引起的手癣，化学损伤引起的接触性皮炎或者先天遗传因素。

（1）接触刺激性化学物质引起的过敏因人而异。化学物质会刺激手，有些人一接触化学物质就会过敏，导致脱皮，甚至皮肤发炎。如果你经常做家务，特别是在接触各种洗涤产品时不戴手套，可能会遇到这个问题。

（2）当温度干燥时，会造成脱皮。此时，要特别注意手指的保养，如必须用一些护手霜，多喝水等。

（3）缺乏维生素。缺乏维生素也是手部脱皮的原因之一。在日常生活中，一个喜欢吃肉不喜欢吃蔬菜的人，其手部脱皮会比较严重。主要原因是缺乏维生素。因此，建议在日常生活中多吃蔬菜、水果。

（4）手癣感染患者首先出现一只手脱皮，然后扩散到双手和双脚。这种情况下的脱皮是由手癣引起的。主要症状是手掌红斑和瘙痒。由于手癣传染性强，危害健康，建议及时治疗，防止传染给家人。

（5）汗疱疹也是引起手部脱皮的原因之一，一般症状是双手会长红色水疱，同时有剧烈瘙痒。

治疗方法：避免接触碱性物质，季节变换也会导致手脱皮的问题，而判断的方法也很简单，如果脱皮的位置不痛也不痒的话，那就证明这种脱皮症状是季节性的。不过，对于这种脱皮状况，我们一定要注意避免碱性的物质。因为碱性物质会导致脱皮的症状进一步恶化，其次就是洗手以后使用比较滋润的护手霜。

9

肌肤正处于敏感期可以化妆吗？

皮肤本来就很娇嫩，尤其是在冬春两季交换的时候，更容易出现问题所以要格外注意，敏感肌最好不要接触过多化妆品，但是有些场合必须要化妆，这种情况下怎么才能把自己打扮得美美的，同时又不伤害皮肤呢？下面的敏感肌化妆 5 个原则可以帮你搞定！

原则 1：保湿在前

不管你打算往脸上涂抹什么或者用多少彩妆品，保湿工作一定要先做好。因为彩妆产品里面即使含有一定的保养成分，对于处于敏感时期的你来说也还差很多。干燥的肌肤即使是化好了妆也不会显得很漂亮。

原则 2：避免厚重

过敏后的肌肤压力本来就非常大，所以这时化妆最好可以避免浓妆。不过现在有很多的彩妆品里面也添入了适当的保养成分，并更注重产品的安全性，所以敏感肌还是可以适度使用的。

原则 3：均匀是关键

红血丝、黯沉是敏感期肌肤的最佳写照，所以让肌肤颜色看起来均匀也是化妆时候需要注意的，遮瑕膏对于干燥的敏感肌来说还是偏厚重的，换成细腻的遮瑕液可能效果会更好一些。如果肌肤有泛红的情况发生，可以选择专门针对此问题的绿色遮瑕液来给肌肤进行遮瑕。

原则 4：妆容阵地战

粉底的遮盖力我们都不怀疑，但是作为敏感肌肤，不管多么细腻的粉底液也会给肌肤带来一定的负担，所以这段时期并不建议大面积使用粉底产品。如有需要，可以将粉底涂抹在 T 区，这样就可以打造出立体底妆的效果，或者用 bb 霜代替粉底。此外，我们可以把妆容重点放在眼部的打造，这样就可以成功地转移众人的视线了。

原则 5：越界不上妆

如果你的肌肤敏感情况已经比较严重了。例如，呈现大片苔藓状的红斑、有面疱，甚至还出现少许的伤口，这个时候千万不要因为爱美而继续上妆，没有任何彩妆品可以帮助你重建美丽的肌肤，治疗才是现在最需要做的事。

10

春季只使用纯天然的护肤品就能预防敏感吗?

纯天然、无添加这个概念，在各人眼中各有不同。

大多数人理解的纯天然大概是从自然植物中提炼出来的精华，不添加其他化学物质，是敏感肌肤之母，即使孕妇使用时也会感到超级安全。但实际上，市面上的“天然护肤品”大多只是天然植物提取物＋化学成分。也就是说，天然护肤品≠纯天然护肤品。

其实天然的产品并不一定比合成的产品更好。如果你是一个有特殊需求的人，如孕妇、婴儿、敏感肌人群，天然的产品确实会更加温和、亲肤。毕竟天然的产品少了许多具有争议性的防腐剂、乳化剂、人工香精等成分，使用了一些更加温和的成分来代替，当然，这些成分起作用的效率也会相对比较低。但如果你除平时正常的护肤外，可能还想要追求抗衰、美白、紧致的效果，那天然护肤品可能就很难达到，或者是需要很长时间才能达到，也就没有必要一定追求纯天然有机护肤品。

那么，是不是化学合成的护肤品就一定不好呢？对于护肤品中添加了化学成分，不必太过担心，毕竟水也属于化学成分，从天然植物中提取的某些成分也属于化学成分，所以没有必要谈及化学成分就色变。对皮肤可能会有伤害的只是一些化学防腐剂、人工香精等，不过这些成分还具有比较多的争议，目前也没有研究可以证明这些成分就一定对人体、皮肤有害。而且护肤品如果没有防腐剂的存在，特别是那种有高浓度活性添加物的产品，大概没多久就会跟食物一样腐坏，变成细菌的培养皿了，这样我们更不敢用了。

一般常见的大品牌产品都不会采用真正的纯天然有机材料，毕竟达到护肤的效果很慢，而且防腐也很难做好，还不如天然植物精华跟化学成分一起搭配合作呢。所以，还是回到那句话，护肤品还是寻找最适合自己的！

11

抗衰老的护肤原料有哪些？

衰老是生命过程中的一种自然现象。这就像单行道，不可能反向行驶。然而，我们总想通过一些特殊的方式来延迟到达目的地的时间。尤其对于女性来说，由于 25 岁胶原蛋白就开始流失，抗衰老、抗氧化成为她们大部分人生的事业，抗衰老产品也因需要而产生。我们在购买和使用抗衰老护肤品的时候，可能也想知道这类护肤品的神奇之处，有哪些成分可以延缓皮肤衰老呢？下面就为大家普及一下这些“神奇”的原材料，避免盲目选择。

1）保湿和修复皮肤屏障功能的原料

当人体肌肤的角质层含水量在 10% ~ 20% 时，角质层的屏障功能是良好的。诸如，甘油、尿囊素、神经酰胺等原料能让皮肤角质层的含水量保持在适当范围，防止皮肤因缺水而变得干燥，从而减少皱纹的形成。

2）促进细胞增殖和代谢能力的原料

护肤品中添加的细胞生长因子（包括表皮生长因子、成纤维细胞生长因子、角质形成细胞生长因子等）、脱氧核糖核酸（DNA）、果酸、维甲酸酯、海洋肽、羊胚胎素、β－葡聚糖、尿苷及卡巴弹性蛋白等物质能促进细胞分裂增殖，加速皮肤表皮细胞的更新速度，促进细胞新陈代谢，从而延缓皮肤衰老。

3）抗氧化类原料

几乎每款抗衰老化妆品都含有抗氧化类原料，因为抗氧化就能抗衰老。常用的抗氧化原料有维生素类，如维生素E、维生素C；生物酶类，如辅酶 Q_{10}、超氧化物歧化酶（SOD）；黄酮类化合物，如原花青素、黄芩苷、茶多酚；蛋白类，如金属硫蛋白、木瓜硫蛋白、丝胶蛋白。

4）防晒原料

紫外线辐射会加速皮肤的老化，所以防晒原料也是抗老产品中必不可缺的一类。通常的防晒原料可划分为物理性的紫外线屏蔽剂和化学性的紫外线吸收剂。如二氧化钛、氧化锌、氧化铁等，这类物质不吸收紫外线，而能反射、散射紫外线，在皮肤上可起到物理屏蔽作用。化学性的紫外线吸收剂则只能吸收阻隔有害紫外线的有机化合物，如邻氨基苯甲酸酯和二苯甲酰甲烷类化合物、水杨酸酯等。

5）具有复合作用的天然提取物

不少天然植物的提取物都具有优质的抗衰老作用，这类天然植物的提取物还具有适用范围广、安全性高、作用温和持久等特点。在现实应用中，很多中药提取物已经被广泛运用到抗衰老产品中，如人参、黄芪、珍珠、银杏、鹿茸、沙棘、灵芝、当归、月见草等。

6）微量元素

近些年，很多微量元素的抗衰老作用成了业内研究的热点。很多微量元素对缓解衰老有明显作用，如铜、锌、锰、硒等。

12

如何有效地改善皮肤松弛、皱纹和衰老？

造成皮肤出现皱纹、松弛的原因是体内胶原蛋白的变性和减少，只有增加胶原蛋白才能有效地护理。胶原蛋白是一种皮肤内部的呈纤维状的蛋白质，这种纤维能够形成网状结构，维持皮肤的弹性。胶原蛋白会随着年龄增长而流失，年龄将近 50 岁时胶原蛋白几乎不再生成。

体内的胶原蛋白还会受到外界紫外线的影响而变性。有研究发现，和糖结合，发生糖化反应以后，胶原蛋白会变硬、失去弹性。当体内胶原蛋白减少、变硬后，皱纹就变得难以恢复，逐渐加深。为了防止产生皱纹和松弛，我们会强调对皮肤进行保湿。保湿后，皱纹和松弛会逐渐舒展开来，虽说涂抹含有胶原蛋白的护肤品不能增加真皮中胶原蛋白，但是我们可以通过以下方法来促进体内胶原蛋白再生并防止其变性。

1）通过护肤品获得抗衰老成分，促进体内胶原蛋白的合成，提高皮肤新陈代谢的能力，防止皮肤老化。

（1）维生素 C 衍生物（抗坏血酸磷酸酯）：我们将维生素 C 制成了皮肤更容易吸收的化合物，如磷酸型维生素 C、磷酸型软脂酸型维生素 C（APPS）等，它们是合成体内胶原蛋白不可缺少的成分，常作为美白成分，或作为控油、护理毛孔的成分被添加在化妆品中。

（2）烟酸（维生素 B_3）：能够改善胶原蛋白的合成，由于刺激性较小，所以皮肤脆弱的人也可以尝试下。烟酸常被用于预防痤疮，还可以改善神经酰胺的合成。

（3）视黄醇：是维生素 A 的一种，能够促进皮肤新陈代谢，增加胶原蛋白，对眼部周围的细小皱纹和黑眼圈尤其有效，所以大多被添加在眼霜中。

（4）AHA：α－羟基酸的简称，是一种用于去角质的水溶性酸。乙二醇酸、乳酸、柠檬酸都属于 AHA。另外，化妆品标识中多用果酸来表示和 AHA 近似的意思。

（5）BHA：指的是水杨酸。和果酸同理，可以用于去角质。由于水杨酸呈油性，所以比果酸更容易向毛孔渗透，对于痤疮、痤疮瘢痕、色斑和皱纹的护理均有效果，刺激性较小也是一个优点。但是，添加在化妆品中的水杨酸的用量有严格限制，所以很难用市面上的化妆品来进行水杨酸去角质。

2）适当增加体内雌激素含量：我们知道当女性激素也就是雌激素减少时，胶原蛋白就会减少。比如急剧减肥会导致皱纹增多，并不是单纯瘦了的原因，而是卵巢功能受到干扰，体内雌激素减少导致的。所以不要强行减肥，平时可以多摄取类似雌激素作用的异黄酮，如豆制品等。

3）做好皮肤的清洁工作，尤其是油性肌肤，保持皮肤干净清爽，只有及时清理皮肤表面多余的油脂和废弃的角质，才能加快肌肤的再生能力。

13

化妆品中添加酒精（乙醇）一定会引起毁容吗？

在化妆品的成分表中，大家是看不到“酒精”这个成分的，但可以找到“乙醇”。变性乙醇是在乙醇中添加各种添加剂，使之不能饮用，和食用酒精区分开来，不能用于各种饮料，只能用作工业用途，除了乙醇，经常用到的添加剂还有：异丙醇、丁酮、甲基异丁基酮、吡啶、苯、邻苯二甲酸二乙酯和石脑油等。变性乙醇并不是一种成分，而是指一类物质，是乙醇中加入各种添加剂的混合物。我们在化妆品中看到的“变性乙醇、SD 乙醇”，如果只看成分表，无法判断加入的是哪种添加剂。

“变性乙醇”的作用与安全性，有以下 5 个作用。

（1）乙醇是非常好的溶剂。有些成分在水中很难溶解，但是可以轻松地在醇中溶解。很多植物成分被萃取的时候，也会以乙醇来做溶剂。

（2）乙醇是非常好的促渗剂。加入乙醇的化妆品，可以让有效成分更容易穿过角质层发挥作用。不过，乙醇促渗是不会分辨好坏的。比如，对皮肤不利的香精、防腐剂和防晒剂（部分化学防晒剂），也会被一起送进角质层内。

（3）乙醇有杀菌的作用，使细菌不繁殖。使有效成分不腐败，保持成分的稳定。

（4）乙醇还可打造清爽的使用感。乙醇挥发速度很快，有时会让你有产品迅速被皮肤吸收的错觉，其实都是挥发掉了。

（5）乙醇能使皮肤温度下降，有缩小毛孔的效果，所以乙醇能使皮肤看上去毛孔缩小。当然，对于那些因衰老而形成的毛孔，乙醇是无法使其缩小的。

其实，乙醇对皮肤的伤害并没有传说中的那么大。虽然乙醇对皮肤没有多么恐怖的伤害，但它对皮肤也说不上多友好。比如，乙醇能在皮肤上迅速挥发，从而带走角质层的水分，这会加快皮肤的干燥。如果你使用的护肤品含乙醇成分，最好搭配一些保湿效果好的护肤品，以达到平衡肌肤的目的。另外，干性肌肤的人，要谨慎使用含乙醇的护肤品。

有人担心使用含乙醇的护肤品会导致过敏，这种担心并非多余。因为过敏性肌肤的过敏原多种多样，乙醇也是其中一个致敏原。因此，如果你不是过敏性肌肤，那么完全没有必要纠结乙醇是否对皮肤造成伤害，乙醇也不会让你的皮肤变得敏感，可以放心使用自己喜欢的护肤产品。

市场上很多常见的化妆品，都是含有乙醇成分的，尤其是化妆水。不过，乙醇含量低于某个标准值时，可以忽略不计。

总之，对于含有乙醇的化妆品，它对皮肤的影响有利有弊，不能从单一角度看待。无论如何，化妆品中添加乙醇一定会毁容这样的说法过于武断，是不对的。

那么，哪些人群不适合使用含有乙醇的化妆品呢？总结下来分 3 类。

（1）对乙醇过敏的人。这种人在日常生活中滴酒不沾，因为散发乙醇气息的产品，会让他们感到痛苦。

（2）拥有敏感肌肤的群体，这类人的肌肤很容易受环境影响，使用含乙醇的化妆品可能会产生过敏，表现出面部潮红等症状。

（3）肌肤极度干性的群体。由于乙醇的分子量小，蒸发产生的清凉感很容易让干性肌肤的人群产生不适感。